"十一五"国家重点图书出版规划项目

科学素养大家谈丛书

心中有数

——萧文强谈数学的传承

萧文强 著

大连理工大学出版社
DALIAN UNIVERSITY OF TECHNOLOGY PRESS

图书在版编目(CIP)数据

心中有数:萧文强谈数学的传承/萧文强著.—大连:
大连理工大学出版社,2010.1
(科学素养大家谈丛书)
ISBN 978-7-5611-4641-5

Ⅰ.心… Ⅱ.萧… Ⅲ.①数学史②数学—文化 Ⅳ.O1

中国版本图书馆 CIP 数据核字(2009)第 067501 号

大连理工大学出版社出版

地址:大连市软件园路 80 号　邮政编码:116023
发行:0411-84708842　邮购:0411-84703636　传真:0411-84701466
E-mail:dutp@dutp.cn　URL:http://www.dutp.cn
大连美跃彩色印刷有限公司印刷　　大连理工大学出版社发行

幅面尺寸:147mm×210mm　　印张:11.375　　字数:193 千字
2010 年 1 月第 1 版　　　　　　2010 年 1 月第 1 次印刷

责任编辑:刘新彦　王　伟　　　　　　责任校对:刭　轩
封面设计:李昕阳

ISBN 978-7-5611-4641-5　　　　　　　　定价:30.00 元

读书面面观

——雷声隆隆,光照天地[①]

你最喜爱什么? ——书籍。

你经常去哪里? ——书店。

你最大的兴趣是什么? ——读书。

这是友人提出的问题和我的回答。真的,我这一辈子算是和书籍,特别是好书结下了不解之缘。有人说,读书要费那么大的劲,又发不了财,读它做什么? 我却至今不悔;不仅不悔,反而情趣越来越浓。想当年,我也曾爱打球,也曾爱下棋,对操琴也有兴趣,还登台伴奏过。但后来却都一一断交,"终身不复鼓琴"。那原因,便是怕花费时间,玩物丧志,误了我的大事——求学。这当然过激了一些,有点

———————

① 原载《东南电大学报》,1990 年第 1 期。经王梓坤教授提议,作为本套丛书的序言。

"左"。剩下来惟有读书一事,自幼至今,无日少废,谓之书痴也可,谓之书橱也可,管它呢,人各有志,不可相强。我的一生大志,便是教书,而当教师,不多读书是不行的。

学生读书,应付考试是一大目的。为考试而读,自然是一苦事。不考又怎么行呢? 不过,如果考试成绩好,可以帮助我们升学,越升越高,越学越深。考试还可以强迫我们学一些难学但又不能不学的知识。而培根说:"知识就是力量。"所以,考试也有积极的一面,不能太多地说它的坏话。

如果把读书只看成是"学而优则仕"的手段,那未免太偏颇了。其实读书的意义远远在此之上。读好书是一种乐趣,一种情操,一种向全世界古往今来的伟人和名人求教的方法,一种和他们展开讨论的方式,一封出席各种场合、体验各种生活、结识各种人物的邀请信,一张迈进科学宫殿和未知世界的入场券,一股改造自己、丰富自己的强大力量。书籍是全人类有史以来共同创造的财富,是永不枯竭的智慧的泉源。失意时读书,可以使人重振旗鼓;得意时读书,可以使人头脑清醒;疑难时读书,可以得到解答或启示;年轻人读书,可明奋进之道;年老人读书,能知健神之理。浩浩乎! 洋洋乎! 如临大海,或波涛汹涌,或清风微拂,取之不尽,用之不竭。吾于读书,无疑义矣,三日不读,则头脑麻木,心摇摇无主。

潜能需要激发

我和书籍结缘，开始于一次非常偶然的机会。大概是八九岁吧，家里穷得揭不开锅，我每天从早到晚，都要去田园里帮工。一天，偶然从旧木柜阴湿的角落里，找到一本腊光纸的小书，像袖珍字典那么大，自然很破了。屋内光线暗淡，又是黄昏时分，只好拿到大门外去看。封面已经脱落，扉页上写的是《薛仁贵征东》。管它呢，且往下看。第一回的标题已忘记，只是那首开卷诗不知为什么至今仍记忆犹新：

> 日出遥遥一点红，
>
> 飘飘四海影无踪。
>
> 三岁孩童千两价，
>
> 保主跨海去征东。

第一句指山东，二、三两句分别点出薛仁贵(雪，人贵)。那时识字很少，半看半猜，居然引起了我极大的兴趣，同时也教我认识了许多生字。这是我有生以来独立看的第一本书。尝到甜头以后，我便千方百计去找书，向小朋友借，到亲友家找，居然断断续续看了《薛丁山征西》、《彭公案》、《二度梅》等等。樊梨花便成了我心中的女英雄。后来认字越来越多，胃口越来越大，居然又读了《三国演义》、《东周列国志》、《西游记》、《民国通俗演义》，甚至《聊斋志异》。只是《红楼梦》没有读完，因为里面没有打仗。我开始向村里人讲故事了,大讲"孔明借箭"、"荆轲刺秦王",大人们惊奇的眼光极大地鼓励了我,原来世界上有这么多有趣的书,我真入迷了。从此,放牛也罢,车水也罢,我总要带一本书,而且还练出了边走田间小路边读书的本领,读得津津有味,不知人间别有他事。

当我们安静下来回想往事时,往往会发现一些偶然的小事却影响了自己的一生。如果不是找到那本《薛仁贵征东》,我的好学心也许激发不起来,我这一生,也许会走另一条路。人的潜能,好比一座汽油库,星星之火,可以使它雷声隆隆、光照天地;但若少了这粒火星,它便会成为一潭死水,永归沉寂。所以我想,给孩子们看一点有趣而又有益的小说、童话,可以培养他们读书的兴趣。可惜现在为了追求升学率,功课排得那么紧,加上社会上又有那么多不健康因素的引诱,他们哪有时间去自由阅读呢?

抄,总抄得起

好容易上了中学,做完功课还有点时间,便常光顾图书馆,假日也全用来读书。好书借了实在舍不得还,但买不到也买不起,便下决心动手抄。抄,总抄得起。我抄过林语堂写的《高级英文法》,抄过英文本的《英文典大全》,还抄过《孙子兵法》。这本书实在爱得狠了,竟一口气抄了两份,另一份送给好友,劝他也读一点兵书。人们但知抄书之苦,未知抄书之益,抄完毫末俱见,一览无余,胜读十遍。

读高中时，居然找到了列宁写的几本小册子。那时还没解放，列宁的大名偶尔听到，但神秘得很，越神秘就越想偷尝禁果。虽然不懂他讲的大道理，却多少感到列宁在替穷人说话，便自然赞成他。这是我读革命书籍的开始。

我考试的成绩不算坏，这与喜欢读课外参考书有关。每门课，除了在教本上下大工夫以外，总要找到一两本同类的参考书对着看。对照之下，常能加深理解，并扩大知识面。但做习题，却决不轻易看别人的解答。有时一道题折磨我两三天，气得火星直冒，也不妥协。苦头确实吃了不少，但本领也多少练了些出来，这对后来的科研工作有所裨益。做习题也可以看成小小的科研，只不过做的是别人已做过的现成题，而科研则是自己出题（或任务出题）自己做，前人从未做过而已。

回想起来，自学和做题（或做实验）这两件事，对我后来的工作起着极重要的作用。通过自学猎取知识，通过做题锻炼才能。知识与才能是两回事，有知识未必有才能；另一方面，没有知识也就谈不上才能，特别是在科学发达的今天。美国前总统杜鲁门说："历史使我知道，任何一个国家的领导人为了负起领导的重担，必须懂得历史，不仅要懂得本国史还要懂得所有大国的历史。"可见知识对于才能的重要。

如何自学一门新课程

培养自学能力，谈何容易。自学一部小说，一本通俗杂志，固然不成问题；但若要自学一门从未学过的硬科学，譬如说微积分，那便非常困难。没有足够的基础、毅力和勤奋，是不可能学好的。

首先，要选一本好的微积分教材。这本书，第一，既概括了这门课程的主要内容，又非枝蔓丛生、繁杂冗长、浪费读者的精力；第二，定义、定理和证明准确无误，而且能从多种证明中挑出有启发性的好证明，叙述也清晰易懂；第三，内容不是材料的堆砌，也不只是逻辑的演绎，而应富于思想性，给读者以智慧；最后，有适量的习题，由易而难，逐步训练读者的能力。

其次，要耐心地精读细读。读过序言和目录后，就要安下心来。从第一页起一行一行地读，切忌冒进。很可能在某一处用到另一件事或另一定理，必须追根溯源，弄清楚再往下看。每条定理的条件、证明和结论，都必须看懂。这样，读起来就非常之慢，每天能读懂一两页，就算很有收获了。如果卡在某一处，费了很大的力气，还是不懂，那就只好暂时跳过去，反正我对它已有很深的印象，迟早总要弄懂的。但这种跳跃，切勿太多。俄国著名生理学家巴甫洛夫告诫青年，读书要循序渐进，循序渐进，最后还是循序渐进。

华罗庚先生也多次强调循序渐进的重要性。我们的思想往往急于求成。控制自己稳步前进的好方法是边读边做笔记,一动手就会发现许多问题,动脑加动手,实是精读的好方法。例题要细看,因为定理是抽象的,例题是具体的,而抽象寓于具体之中。多记住例题,不仅可加深理解,而且有助于日后的科研,读完一节或一章,必须做完书上的习题。这样一章一章地读下去,待读完全书,我们对此书的内容已了解大半。不过还只停留在"局部"读的阶段,对各定理间、各章节间的关系还不太清楚,何况还留下一些未解决的问题。这意味着,要及时再细读第二遍。这一遍除起复习作用外,重点应放在还未看懂的地方,并尽量找出相互之间的关系。这就是说,我们已开始"整体"地读。第一遍留下来的问题,这次可以解决一大部分,为什么?因为这时的我,已非前时的我,我现在的水平,已由于通读了第一遍提高了不少。如此通读几遍,最后一两遍应倒过来读,即从最后一章倒读回去,这更有助于弄清全书的脉络。至此,对全书已很了解,发现很长的推理证明其实只有几个要点,全书也只有几个高潮,其他无非是外围。把书合上,我也能说出它的骨架,已达到庄子所说"目无全牛"的境界。不仅读书如此,做其他事情也是如此。任何很复杂的事物,只有在头脑中变得很简单时,才能抓住关键,才能记住它,把握它,改造它和利用它。

第三,自学并非绝对排斥外援,在充分准备的基础上,请老师指出重点,或进行重点讨论,都是有益的。

两种循环与两极分化

甲、乙两人同时考入大学,水平相差无几,但到毕业时,却相距很大,甲几乎可以当乙的老师。原因何在呢?

原因可能很多,我们只从学习方法的角度来讨论。众所周知,一门课教学的基本程序是:上课、复习、做习题(或做实验),三个环节不断循环。我多年观察,循环有良性和恶性两种。

上课前,甲进行了预习,他已大致了解老师下节课要讲的内容,也知道哪些是难点,哪里是自己没有看懂的地方。于是上课听讲时,他心中有数,对已看懂的,再听一遍,可起复习巩固作用,对未看懂的,便集中精力、全神贯注地去听。由于有的放矢,他可以把难点基本上消灭在课堂上,同时也搞清了自己课前没有看懂的原因,从而不知不觉地提高了自学能力,这一收获甚至比克服当前的难点更重要。由于听课效率高,课后复习的时间便少,做习题也快,这样又争取到了预习下次课的时间,下一堂课又听得好……如此继续,是谓良性循环。

乙则不然,他没有预习,上课时完全被动,许多地方没有听懂,复习时间多,习题做不完,功课越堆越多,学习越来越困难,他卷入了恶性循环。

正是这两种循环，如同两辆分岔而行的汽车，把他们的水平差距越拉越大。怎样才能进入良性循环？关键在于课前预习。请抓住空暇时间和假日，预习一门或两门课吧！并不一定全看完，也不一定全看懂，这对于你的学习大有好处。时间是挤出来的，如果下定决心，持之以恒，就必定能做到。

始于精于一，返于精于博

关于康有为的教学法，他的弟子梁启超说："康先生之教，特标专精、涉猎二条，无专精则不能成，无涉猎则不能通也。"可见康有为强烈要求学生把专精和广博（即"涉猎"）相结合。鲁迅也劝青年："应做的功课已完而有余暇，大可以看看各样的书，即使和本业毫不相干的，也要泛览。譬如学理科的，偏看看文学书，学文学的，偏看看科学书，看看别个在那里研究的，究竟是怎么一回事。这样子，对于别人、别事，可以有更深的了解。"

在先后次序上，我认为要从"精于一"开始。首先应集中精力学好专业，并在专业的科研中作出成绩，然后逐步扩大领域，力求多方面的精。简言之，即"始于精于一，返于精于博"。正如中国革命一样，必须先有一块根据地，站稳后再开创几块，最后连成一片。

这里有两种偏向。一是对专业漫不经心，这山看着那山高，什么控制论、外星人、宇宙论、新思维，都知道一点，夸夸其谈,眼高手低,回过头来却看不起自己的专业,认为那不过是雕虫小技,没多大意思。就好像逛过花花世界的人,瞧不起自己的家乡一样。这样下去,必将一无所成。另一种是终身只守住专业中一小角落,其他的科学进展、世界形势,甚至自己专业的近邻,一律不闻不问。长此以往,很可能思想枯竭,性情乖僻。

许多大家都是走先精后博、由博返精的道路的。一条路走通了,就可触类旁通地走其他的路;而走了其他的路,又可回过头来看原来的路,相互比较,容易受到新的启发,导致新的发现。

丰富我文采,澡雪我精神

辛苦了一周,人相当疲劳了,每到星期六晚,我便到旧书店走走,这已成为生活中的一部分,多年如此。一次,偶然看到一套《纲鉴易知录》,编者之一便是选编《古文观止》的吴楚材。这部书提纲挈领地讲中国历史,上自盘古氏,直到明末,记事简明,文字古雅,又富于故事性。那时正值"文革",我自愧无打砸抢之才,不必夜间出去打家劫舍,便把这部书从头到尾读了一遍,不想它大大开拓了我的眼界,启发了我读史书的兴趣。随后又读了《后汉书》中的"党锢列传"。这篇文章讲的是东汉名士与宦官的斗争,一些正人君子被宦官害得家破人亡。联想到当时实际,许多老革命和专家学者惨遭迫害,这不基本上是历史的重演吗?读史提高了我的认识，使我对"文革"的实质一开始就比较清楚，免去了日后的许多麻烦。

我爱读中国的古典小说，例如《三国演义》和《东周列国志》。我常对人说，这两部书简直是世界上政治阴谋诡计大全。即使近年来极时髦的人质问题（伊朗人质、劫机人质等），这些书中早就有了，秦始皇的父亲便是受害者，堪称为"人质之父"。

《庄子》超尘绝俗，不屑于名利，而名利正是使聪明人上钩之饵；其中"秋水"、"解牛"诸篇，诚绝唱也。《论语》束身严谨，勇于面世，"己所不欲，勿施于人"、"躬自厚而薄责于人"，有长者之风。司马迁的《报任少卿书》，读之我心两伤，既伤少卿，又伤司马；我不知道少卿是否收到这封信，有何感想，希望有人作点研究。我也爱读鲁迅的杂文，果戈理、梅里美的小说。我非常敬重文天祥、秋瑾的人品，常记他们的诗句"人生自古谁无死，留取丹心照汗青"、"谁言女子非英物，夜夜龙泉壁上鸣"。唐诗宋词、《西厢记》、《牡丹亭》，丰富我文采，澡雪我精神，其中精粹，实是人间神品。元朝王冕的诗句"花落不随流水去，鹤归常伴白云来"，使人悠然神往。读了邓拓的《燕山夜话》，既叹服其广博，也使我动了写《科学发现纵横谈》之心。不料这本小册子竟给我招来了上千封鼓励信，无他，时势造作品而已。原来"文革"十年，到处是"万岁万万岁"的陈词滥调，人们在精神窒息中渴望新鲜文风，这本小册子在一定程度上迎合了这种要求，以后便出现了许许多多的"纵横谈"。

从学生时代起，我就喜读方法论方面的论著。我想，做什么事情都要讲究方法，追求效率、效果和效益，方法好能事半功倍。《孙子兵法》启发了我：连打仗这样复杂而紧迫的事都有方法可循，其他事就该更有方法了。于是我很留心一些著名科学家、文学家写的心得体会和经验。我曾惊讶为什么巴尔扎克在 50 年短短的一生中能写出上百本书，并从他的传记中去寻找答案。我也奇怪 26 岁的诸葛亮能在刘备三顾茅庐时发表著名的"隆中对"，对天下大事了如指掌，并确定了以后的战略方针。须知那时他住在穷乡僻壤，既无报纸杂志，也无广播电视。系统地给我以科学史知识的是贝尔纳著的《历史上的科学》、霍利切尔的《科学世界图景中的自然界》、《爱因斯坦文集》等书。此外，恩格斯的《自然辩证法》、海森堡的《物理学与哲学》、薛定谔的《生命是什么》、康德的《宇宙发展史概论》、梅特里的《人是机器》、莫诺的《偶然性与必然性》、怀特海的《科学与近代世界》、维纳的《控制论》、罗素的《西方哲学史》、普里戈金等的《从混沌到有序》，以及阿西莫夫等人的优秀科普作品，都是给人知识、增人智慧的好书。文史哲和科学的海洋无边无际，先哲们明智之光沐浴着人们的心灵，我衷心感谢他们的恩惠。

读书的另一面

以上我谈了读书的好处，怎样攻读专业书以及阅读其他书，讲了精与博的关系，为书籍说了许多好话。然而世界上每件事都有一个限度，过了限就要出毛病，读书也不例外。所以我要回过头来说说事情的另一面。

读书要选择。世上有各种各样的书：有的不值一看，有的只值看 20 分钟，有的可看 5 年，有的可保存一辈子，有的将永远不朽。即使是不朽的超级名著，由于我们的精力与时间有限，也必须加以选择。决不要看坏书。对一般书，要学会速读。古人说，一目十行。今天看来，这速度不能算快，必须在一小时内就可大致看完一本 500 页的书，说出它的主要内容和精华。据说美国前总统肯尼迪就有这种本领。这样，我们才能赢得时间去读好书，特别是读经过历史考验的名著。对名著，读一遍是不够的，隔一段时间重读，会有新的体会。托马斯·霍布斯(1588—1679)只阅读非常杰出的著作，他甚至经常说，如果他也像其他学者那样阅读那么多的书，他就会与他们一样无知了。这话说得不够客气，但他读书注意选择，却是很对的。

读书要多思考。读书时，我们的大脑基本上被书本占据，成为作者驰骋的场所。如果我们不积极思考，大脑便出租给作者了，任凭他的马队去践踏，久而久之，会伤害自己的思维能力。要知道,书本无非是作者的一篇有准备的长篇发言,由于他有充分准备,所以合理的地方比较多,但绝非完美无缺。应该想想,他说得对吗?完全吗?适合今天的情况吗?从书本中迅速获得效果的好办法是有的放矢地读书,带着问题去读,或偏重某一方面去读。这时我们的思维处于主动寻找的地位,就像猎人追找猎物一样主动,很快就能找到答案,或者发现书中的问题。所谓"偏重一方面去读",是苏轼提倡的读书方法。例如读《红楼梦》,第一遍读可偏重其中人际关系,第二遍可偏重景物描写,第三遍可注意当时的饮食和医药,等等。每读一遍,深入一面,甚至可以写成一篇论文呢。

有的书浏览即止,有的要读出声来,有的要心头记住,有的要笔头记录。对重要的专业书或名著,要勤做笔记,"不动笔墨不读书"。动脑加动手,手脑并用,既可加深理解,又可避忘备查。特别是自己的灵感,更要及时抓住。清代章学诚在《文史通义》中说:"札记之功必不可少,如不札记,则无穷妙绪,如雨珠落大海矣。"许多大事业、大作品,都是长期积累和短期突击相结合的产物。涓涓不息,将成江河;无此涓涓,何来江河?

爱好读书是许多伟人的共同特性,不仅学者专家如此,一些大政治家、大军事家也如此。曹操、康熙、拿破仑、毛泽东都是手不释卷、嗜书如命的人。毛泽东只念过中等师范,却领导了中国革命，而且文史哲都达到很高水平。《沁园春·雪》一词，千古独步，这些都与他毕生刻苦自学密切相关。

序　言
——本书缘起

早在 14 年前,好友孙文先先生热情地邀请我把积存多年的文稿整理成书,由他创办的九章出版社出版。当时我立即接受了他的一番好意,并且曾经一度"似模似样"地把文稿找出来叠在案头,甚至把其中大部分由手稿或复影印本转换成计算机文本文件,颇有一点"大展拳脚"的雄心!当时,连书名也拟好,叫做《心中有数》,计划中有五辑,分别是:(A)普及数学讲座;(B)数学史结合数学教育的文章;(C)数学教育的文章;(D)给数学教师写的杂文;(E)给学生写的杂文。

就在同一年的秋天,家父的健康突然转坏,接着那一年半有多,我每天游走于家中、大学的工作间及课堂、医院及疗养院之间,难以静下心来写作。1997 年 5 月家父辞世,我的生活渐复如常,本来以为很快可以重拾《心中有数》的写作任务，却因自己疏懒，放下了的工作要重拾并不容易，同时也有别的教学科研任务必须兼顾，于是自寻借口，计划用几个月时间做好准备工夫以便"卷土重来"。谁料在2000年1月被任命为数学系系主任处理系务，一干便到了2005年6月退休时才可以卸下这个担子。退休后依然忙这忙那，结果在不同的大学、中学、小学做了不少讲演，堆积着的文稿不只未曾整理，新的文稿又陆续添加上去，这笔"书债"依旧还不了。每趟在台湾碰见文先，总是有些不好意思，但文先十分体谅，从来没有催促什么。终于到了2008年春天，大连理工大学出版社的编辑刘新彦博士来函，建议我把一些文章辑编成书，再度唤起14年前的意欲。于是，新彦、文先和我三人商议，把以前的计划先实行一部分，出版一册文集，在内地和台湾各自出版（一是简体字本，一是繁体字本）。

现在大家见到的19篇文章，是原来计划中（B）至（E）里的一小部分再加上六七篇当时仍没有想到要写的文章。这19篇文章，在1976年至2009年之间先后写成，有些片言只语在好几篇文章都一再出现，如今文章放在一起，难免予读者重叠论述的感觉。不过，重叠的段落不算太多，而且重复的句语正正是本书极欲表达的主要信息。言多有因，请读者勿见怪。这19篇文章貌似混杂，但主题还是隐约可见，让我试图在这里勾画一下。

"数学的传承:井蛙学算四十年"与"我看'大众数学'"放在起首,是因为这两篇文章(分别写于 2005 年和 1994年)都是这么多年来教与学的点滴经验的思绪整理,其余 17 篇文章是个别片断较详细的讨论,并辅以教学上或者数学内容上的例子。"工夫在数外"(写于 1995 年)应该是一篇较长的文章,只是一直没有下笔,只剩下一个删掉了例子的文章摘要! 包括这篇文章在内的接着五篇,性质相近,都是试图说明数学教育不单单是教懂学生这门学科的技术内容而已。"'三心两意'的数学教师"(写于 2009 年)再加上一点,提出小学、中学数学教师也必须要从事某种形式的数学研究。

接着的四篇,从题目看去已经知道主题是数学史和数学教育,但仔细读下去,当会发现从"数学发展史给我们的启发"(写于 1976 年)至"不,我不在数学课堂运用数学史。为什么?"(写于 2004 年)其间的"心路历程",是伴随着课堂教学经历而发展的。第一篇文章对我来说颇有意义,它不单是我发表的第一篇关于数学史和数学教育的中文文章,也是导致我写作第一本中文书《为什么要学习数学:数学发展史给我们的启发》(1978 年)的提纲。另一本书的写作对我来说亦很有意义,那就是下一篇文章谈及的,其实是《数学证明》的初版(1990 年)及再版(2007/2008 年)序言。

"'1,2,3,…以外':一点数学普及工作的经验"(写于

1981年，与丁南侨合著）是我开始探讨数学对普罗大众的影响及意义的一项尝试。过了17年后，为了更好地在这方面学习，我开办了一门叫"数学文化"的课，起初是不设学分的非正式课程，至2000年1月给纳入正规课程里，更名为"数学：文化的传承"（Mathematics：A Cultural Heritage），不知不觉已经教了将近十年，从众多方面的例子中窥探数学之用、数学之美、数学之"道"，乐在其中。本书结尾的三篇文章——"中国古代官学数学课程：考生是怎样学习和准备考试的"（写于2001/2004年），"'欧先生'来华四百年"（写于2007年）和"从离散数学到数学文化"（写于2008年）——都是这项尝试的"副产品"。其余剩下的三篇文章——"从数学奥林匹克谈起"、"数学与我何干"、"游泳和数学"——题目看似混杂，其实也是与数学文化这个主题有点关联的。

我的大学老师梁鉴添博士听到我打算出版《心中有数》，13年前老远从法国寄来一篇序言。当时他刚退休，隐逸林泉，仍然对我这名学生如此关切，还在赠序里添加溢美之词，叫我感激莫名。可惜13年过去了，书本还没有出来，连累老师鸿文也"未见天日"！这次既然出版此册文集，把梁老师的赠序一并刊出，亦属合适。只是13年前写下的文章，以今视昔，国际形势及社会经济情况未必依旧，但我认为梁老师对教育改革的期望并无修正之必要。同时，把原文刊登,日期照旧,对我之疏懒也能起警惕作用。

本书能与读者见面,要感谢的人可多着呢。文先和新彦的鼓励及帮忙,前面都提过了;内子凤洁花了无数心血和时间替我把文稿转换成计算机文本文件,把一些英文文稿翻译成中文,更经常督促我进行这件工作,居功至伟。这些年来在准备讲演中,数学系办事处的同事们在文书处理上给予我众多支持,退休前或退休后亦复如是,对我推行普及数学工作极有帮助。

当然,我的讲演的意念及材料都是源于大量书本文章,还有与众多中外师友的讨论交流,不及一一鸣谢,反正在"数学的传承:井蛙学算四十年"结尾时我已经引用了Kahlil Gibran 的诗句:

> 你手提的灯并非是你的;你唱的歌并非在你的心中谱成。因为即使你提着灯,你本身并非是亮光;即使你是一把弦琴,你并不是弹奏弦琴的人。

敬请各位读者,不吝赐正。

萧文强

2009 年 3 月 20 日于香港

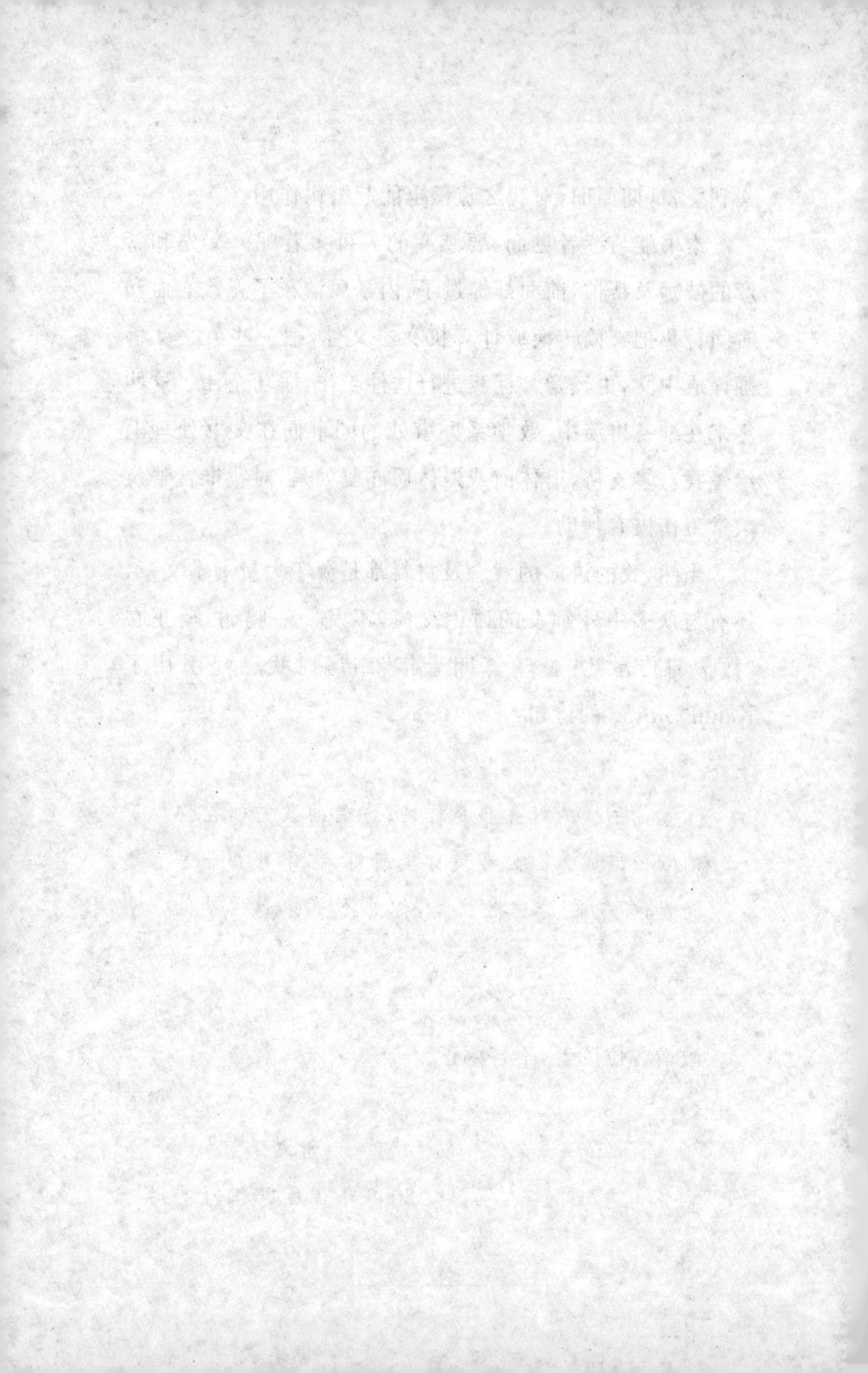

益之以霡霂

上天同云　雨雪雰雰

益之以霡霂　既优既渥

既沾既足　生我百谷

——《诗经·小雅·信南山》

　　最近 20 年世界经历了科技全面进展,全球通讯媒介事业蓬勃兴旺;同时大战危机逐渐消失。在这些及其他有利条件推动下,社会秩序比较五六十年代更为安定,导致世界贸易空前兴盛,这都是我们生活在太平洋西缘华语地区的人所能切身体验的景象。

　　繁盛的经济贸易固然要依赖着安定的社会,其实经济的盛衰和社会的演进往往是互成因果的一对景象。经贸的进展也能引起不胜枚举的、连锁的社会反应,试举很显著的一个例子。经贸繁荣改善了人民的生活水平,人民花在单纯为谋生而工作的时间缩短了。但是经济贸易的继续发展不只要求更多的人力,而且需要知识水平更高的人才。人力和人才的供求相应地引起社会对教育事业的全审核和实行合适的改变。这当然只能是一项错综复杂的社会演变之过度简单化的梗概。

近年来世界各地,不论是富裕还是贫乏国家,的确都在推行深度和广度不同的教育事业改革。已经执行了的或仍在讨论中的项目包括学制、考试制度、学校组织、课程、学科内容、教学方法、学生辅导策略等等。可以想象,社会对这些改革做出的评价只能是褒贬参半的。我们可以观察到广泛的教育普及;在基础教育层次,适龄儿童入学率显著地提高了,尤其使人兴奋的现象是女童入学率有更大幅度的增长。同时中等和高等教育的学位也有急剧的提升。比较富裕的国家更着力提供各类型、品种的学校以适应学生的学能和志向,以满足社会的人才要求。经济和社会的盛衰是快速过程,而教育改革是一项以极慢速度进行的过程,所以两者之间难免出现一些严重的脱节和难以协调的现象。使人担忧的,例如学术程度和学生求知欲望的普遍低降,捉襟见肘的教育经费,社会性的恶习甚至暴力出现在学校教室里,经济效益为本的功利主义掩盖了长远的教育目标。当然,使人悲观的情况还有很多,不过,为了人类的前途,教育事业的继续改革还是必须向前推动的。正如 18 世纪德国物理学家、静电印刷术的先驱者和著名讽刺杂文作家列支顿伯格所说:"我不知道改变是否改善;可以肯定,如果要改善则非改变不可。"①

据联合国教育、科学及文化组织(UNESCO)最近统计,全世界在职的各类别教师约有 5 000 万人。同时预测,若使所有学龄儿童都享受基础教育权益,则从现在至 2000 年还需要新教师 900 万人。UNESCO 的国际教育委员会今年又指出:"人作为社会的一员,他的教育将要是一项终身的进程,一项能够辅助他适应社会演化的进程。"②说得通俗一点,他将要是一名终身学生。那么全球 5 000 万教师本身也是 5 000 万终身学生,而他们也是教导世界 50 亿会成为终身学生的老师。也就是说,每位教师都有双重身份和三重任务:教己、教书、教人。要成为一个终身不停学习的学生,已经不是一项容易的(教己)事业;传递知识(教书)和教导学生怎样终身不停学习(教人)就更是艰难的业务。可惜社会近年来不很重视教师的工作;没有同情他们的困境;不足够地给他们提供有利条件,协助他们完成任

---

① Georg Christoph Lichtenberg (1742—1799): Ob es besser wird, wenn es anders wird, weiss ich nicht. Dass es anders werden muss, wenn es besser werden soll, ist gewiss.

② Barry James, Chips Down For Teachers. *International Herald Tribune*, October 19-20, 1996.

务。反之,社会往往很不公平地把很麻烦琐碎的和非教育
性的任务加诸教师身上;等到许多不良现象出现时,又把责
任归咎他们。又有一些有力人士鄙俗化地把教育事业等同
为经济活动、把学校等同为商业机构、把教师等同为店员。
不幸也有些教职人员亦自视为各种学店的不同职级的员
工,履行着市场经济的不同任务,这真是可耻的想法和可悲
的倾向。我希望只是很少数人有这种匪夷所思的念头,我
相信公道尚在人心。

谚语曰:"童言无欺"。在一次给小学生以师生关系为
题目的征文比赛里,一位 11 岁的墨西哥女童写下一个警
句:"老师之于学生,有如甘霖之于土壤"。[①] 我相信本文集
作者萧文强教授和他的读者都会喜欢这句亲切的话。

萧文强教授从事数学研究和数学教育 30 多年;在代数
理论和应用做出过重要的研究成果,培育了一批出色的弟
子;在教学工作上,他是一位很具感染力的老师,素来就受
学生所爱戴。这两个"正统"(教己和教书)业务之外,他也
是一位不可多得的教师们的导师,同时也是香港最肯出力
和最成功的数学普及工作的推行者。如所周知,后两类都
是对"非统仕途"未必有利的(教人)活动。尽管如此,他还

---

① Zaira Rodriguez Guigarro (1985—): The teacher is to students what
the rain is to the field.

是怀着济世的豪情和科学家的真诚鼎力而为,写出了近百篇的论文和多本书籍,还亲自举行了过百次的专题讲座。他的读者和听众在赞叹其广博的学术,深邃的见解,清晰的表达之余,还得钦佩其惊人的毅力和崇高的心志。《心中有数》面世真如他们渴望已久的霖霂降临大地,好让散播了的种子成长。

梁鉴添

1996 年 12 月于法国昂兹邈园

目　录

第一篇　感悟数学教育

第二篇　数学史与数学教育

第三篇　数学文化

第一篇　感悟数学教育

数学的传承:井蛙学算四十年^①

很多年前张百康校长对我说:"他日你作退休演讲,必须穿着短裤出席。"当时他说这句话的用意,大概不是暗示我需要提早退休,只是叫我保持本色。其实,于我而言,要保持本色毫不困难,因为我没有什么要保持,正所谓"三无"教授一名——无自用车、无手提电话、无 CERG(Competitive Earmarked Research Grant)。6 月 30 日之后将成为"四无"教授——无薪教授,亦称作 Honorary Professor。

然而,我十分庆幸自己是"三无一有"——有学生。今天见到在座中这么多熟悉的面孔,都是过去 30 年间我在课上见到的,叫我感激万分。你们毕业后仍旧不时回来探访

---

① 本文是 2005 年 6 月 18 日作的退休讲座,文稿刊于《数学教育》(*EduMath*)第 21 期,2005 年 12 月,18-26 页。

我,与我分享你们的工作体验和见闻,与我讨论各方面的话题。正是你们的造访,让我保持身心年轻。法国著名学者 Claude Lévi-Strauss 说过:"选择教书作专业的学生并没有向童年世界告别,反之,他正是要保持童心。"

早在 30 年前我已自视做"井蛙"(有当年 1976—1977 的微积分讲义插图(图 1)为证!)既是井蛙之见,何足道哉? 但正因经历平凡,才更见亲切,并非高不可攀。趁着退休演讲谈谈 40 年的学习经验,对大众也许还有一点参考价值吧。

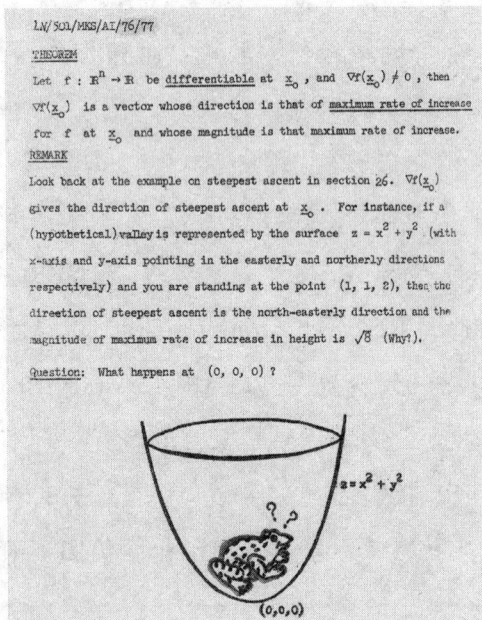

图 1　"井蛙"——我当年(1976—1977)的微积分讲义插图

既然退休年龄是 60 岁,为何不是"学算六十年"呢？佛家经典《百喻经》里面有个著名的故事,说某人吃了七个饼便饱了,他大叹不值,认为早知如此,不如只吃第七个！固然,我不至像那人一般傻,看不到数学基本功的重要。在大学的学习,乃建基于在小学和初中学到的本领。但的确,我是在 1963 年秋季踏入大学之后才领略何谓数学,有如柳宗元在《始得西山宴游记》(809 年)说的："然后知吾向之未始游,游于是乎始。"

为何我钟情于数学呢？不如让我用一套电影剧本里的几位主角作个譬喻。我颇喜欢这套 *Chariots of Fire*（港译《烈火战车》),电影摄制于 1981 年,翌年获颁四项金像奖,包括最佳影片、最佳编剧、最佳服装设计和最佳音乐。故事环绕 1924 年夏天在巴黎举行的奥运会铺陈,剧本是根据当年真人真事编制出来。那是英国田径队的丰收年,田径队的主将是 Harold Maurice Abrahams(1899—1978)和 Eric Henry Liddell(1902—1945)。前者取得 100 米金牌和 400 米接力银牌,后者取得 400 米金牌和 200 米铜牌。电影剧力万钧,但也许真实情况之多姿多彩,与电影情节不遑多让。Abrahams 是犹太裔英国人,他矢志在田径场上出人头地,为了民族荣辱而跑。Liddell 是虔诚基督徒和牧师,他是为了荣耀上主而跑。我一边看电影一边想,做数学是否有类似之处？有些人做数学是为了某特定目标,或是争取个人荣誉,或是为国争光;也有些人做数学是为了崇高理想,超越个人民族,是为了数学本身的价值。自问两者我都不是,反而更像电影中的一位配角 Lord Andrew Lindsay(在真实生活中他是 Lord David George Brownlow Cecil Burghley(1905—1981),在 1924 年奥运会参赛 110 米跨栏,不入三甲。到了 1928 年奥运会他取得 400 米跨栏金牌,在 1932 年奥运会又取得 400 米接力银牌。)是为了享受田径运动本身的乐趣而跑,电影中有一幕颇能表达这一点。Lindsay 在自己的庄园的草坪上练习跨栏,在每副栏上放了一杯香槟酒,每次飞越栏不动杯酒分毫。(在真实生活中,Burghley 的练习相似,不同的是他在每副栏上放了一枚火柴盒,目的是每次飞越栏把火柴盒踢掉但栏却不倒。)我钟情于数学,是为了从学习和研究数学中得来的愉悦和从中感受到的优美。

先说一点中学的数学学习历程吧。中学毕业那年是 1961 年,级主任吴国光老师提醒我们要好好记住这一年,把它颠倒过来仍然是 1961,过后要等四千多年至 6009 年才再有这份奇遇了!当年我们没有袖珍计算器,也没有液晶显示板,所以不晓得其实无须等四千多年,只要等到 2002 年,颠倒了仍然是 2002!如果你不要求颠倒了的数字不变,只要求它仍然是一个数字,那么今年也是一个,2005 颠倒过来是 5002。看来我在 1961 年毕业,颠倒过来还是一样,难怪毕业后至今犹原地踏步。希望在 2005 年退休,颠倒过来是个大得多的数字,意味向前迈进!

在中一和中二的时候,我对数学兴趣不大,但踏入中三开始学习欧氏几何,擦出了火花。印象特别深刻的是那几条三角形中某些线共点的定理,如此漂亮的结果,每次画出来都对,但不明其所以然。后来明白其所以然,竟是如此滴水不漏的推理,叹为观止。三中线共点尤其令我开窍,因为那时正好学到物理的重心性质,物理与数学相互印证,使我感受到不同科目的和谐,是一种"文化震撼"。在中三和中四我对欧氏几何简直着了迷,专门找难题做,特别喜爱思考作图问题和轨迹问题(其实两者有密切关联),有些难题想了好几个月仍不罢休。有时更自行把问题推广,例如有一题至今我还有印象:本来的作图问题是在给定的三条平行线上各找一点,形成一个正三角形。解决了这道问题后我便想到三条线不平行但共点又如何? 三条平行线可以看做是三个无限大同心圆的部分,如果真的是三个同心圆又如何? 如果更一般的只是平面上三条互不平行的线又如何? 就是这样我在欧氏几何的天地里乐而忘返,很可惜当年没有学习几何的互动软件(电算机是我在美国念研究院时才头一次碰见的东西,遑论软件矣),否则我会更着迷了。

对代数首先产生兴趣,也是因为看到它和几何拉上关系。当时的课程没有附加数学,也就没有解析几何这一门

（至中七才有），就连函数这个概念也不明言。但代数课本有图像这一章，为了解函数播下种子。印象最深刻的是课本（A. B. Mayne 的 *Essentials of School Algebra*（1938））里的一道习题："在同一幅图上描绘 $y = x^2$ 和 $5y = 6x + 4$ 的图像，x 取值于 -2 至 3 之间。利用图像解方程 $5x^2 = 6x + 4$。在图中绘作某条适当的平行线以求 a 的近似值，使方程 $5x^2 = 6x + a$ 有重根。"印象中我思考了好一会儿才解决了这道习题，但个中乐趣，余韵犹在。

　　我对代数的真正喜爱，源自中四下半年学到的"余数定理"："以 $X - h$ 除多项式，要是除不尽，余数就是在多项式中代入 h 计算得来的值。"起先我真的运用长除法验算了不少情况，但要写下一般情况的解释，好像繁琐不堪，只是有种感觉理应如此吧。当时母校有一项传统，就是待高年级的同学去了考公开试期间，本来任教高年级的老师便到别的班级当客座教师。本来任教中七的伍志刚老师来到中四教代数，他正式解说何谓函数，并且以函数形式写下 $F(X) = (X - h)Q(X) + R$ 这个式子，由此马上得出 $F(h) = (h - h)Q(h) + R = R$。眼见繁琐的具体计算一下子归结成如此简洁的解释，是另一次"文化震撼"，使我明白到数学抽象化的力量。

　　中五会考过后，伍老师说可以在暑假期间指点我学习微积分（当时课程要到中七才有微积分）。于是我每天到教员工作间跟老师念 W. A. Granville 的 *Elements of Differential and Integral Calculus* (1904)。印象最深刻的事情是学了不久之后便碰到一道习题，计算火箭要达至什么速度才能脱离地球的引力场（这个逃逸速度通常称作第二宇宙速度）。当时似明非明地竟然算出了那个速度是每秒 11.2 公里，适值那段时期的热门新闻是卫星上天，报章上不时出现有关的科学报道，两相呼应，叫我兴奋莫名！回想起来，那时其实概念模糊，有如雾里看花，理解不清，只是生吞活剥。但是形式上的运算倒也利落，从 $-m\dfrac{\mathrm{d}v}{\mathrm{d}t} = GMm/r^2$ 出发，通过 $\dfrac{\mathrm{d}v}{\mathrm{d}t} = \dfrac{\mathrm{d}v}{\mathrm{d}r} \cdot \dfrac{\mathrm{d}r}{\mathrm{d}t} = \dfrac{\mathrm{d}v}{\mathrm{d}r}v$ 而得 $-mv\dfrac{\mathrm{d}v}{\mathrm{d}r} = GMm/r^2$，进而得 $-v\mathrm{d}v = \dfrac{GM}{r^2}\mathrm{d}r$，继而左右二式取积分，……。如此这般，竟也过关斩将，直捣黄龙！那时并不知道何谓微分方程，更不懂得各类型微分方程的算法。甚至在第一步我不知道左式有个负号。只是做到结尾得到速度是个负数才自圆其说地在第一个式子左边加上一个负号！由此可见当时理解程度之薄弱，介乎明与不明之间。也许，在学习过程中，某些阶段大家都要经历过这样的朦胧日子，只要日后逐渐弄清楚便成。的确，微积分在历史上的发展又何尝不是经历过这样的日子呢？

到了中七，我尝试做更多习题，几乎是见一本书便做一本，尽量全做书里的习题，典型的例子是 C. J. Tranter 的 *Techniques of Mathematical Analysis*(1957)。后来又买了一本名叫《纯数》的书，只因为中七公开试报考了《纯数》这一科，但买回来打开一读便知买错了！那是 G. H. Hardy 的经典名著 *A Course of Pure Mathematics*(1908；第 10 版, 1952)，看了几页便看不下去。结果待中七公开试考罢，每天有空便携带 Hardy 的书走到家里附近公园坐在树下尝试慢慢读，囫囵吞枣竟也读出一点味道来。印象最深刻的是书后面其中一个附录讨论"代数基本定理"，看到一个（貌似是）代数的结果要动用复变分析去证明，让我再一次惊讶于数学各分支之间的密切关联。

提到课外阅读，那是我在小学中学时期的乐趣，包括各方面的课外书。还记得读的第一本数学课外书是刘薰宇著的《数学趣味》(1933)，为什么记得那么清楚呢？因为我认识这位作者并非通过数学科而是通过语文科。刘薰宇是 20 世纪 20 年代上海立达学园的数学教员，也教国文，与夏丏尊共事，合写了《文章作法》(1928)。念国文时曾读过这些中国作家的文章，从作者生平中认识了他们，便读了好几本他们的语文著述（当中最著名的是夏丏尊和叶绍钧合著的《文心》(1933)）。有一回在书店见到刘薰宇的书，而且是关于数学的，当时我念中三，刚被几何引起了兴趣，便立即买了《数学趣味》回家细读。接着我看了大量的数学课外书，大部分是内地出版的，尤其是那些翻译自俄文的数学普及读物。也由此我学懂了阅读简体字。英文的数学课外书则较少读，至中五和中六才开始看一些，印象犹深的是 W. W. Sawyer 的两本：*Mathematician's Delight* (1943) 和 *Prelude to Mathematics* (1961)。

英文课外书售价不菲，我通常是到图书馆借阅。那个时候还未有市立图书馆（香港大会堂仍未建立），除了学校的图书馆以外，我有另外两个好去处，其一是美国新闻处图书馆（在雪厂街近都爹利街附近），其二是英国文化协会图书馆（在中环告罗士打行楼上，即今置地广场所在）。我较喜欢后者，因为地方虽小却十分典雅幽静，英国式古宅的味道很浓，极少人到访。拿一本书坐在一个角落的舒适沙发椅上，借着身旁座地灯可以消磨整整一个下午。在英国文化协会图书馆阅读过的书本其中两本对我很有影响，一本是 Dan Pedoe 的 *The Gentle Art of Mathematics* (1958)，另一本的作者和书名我都忘记了，只记得书里叙述数学在古代希腊的发展和它于西方文化之影响。我对数学史的兴趣是很多年后（1970 年代初期）才油然而生，但也许那本书在一个中学生的思维中已经播下了种子。美国新闻处图书馆热闹得多，人来人往，我每次去借了书便立即回家，并不逗留。也许是太多中学生去借书，书架上的热门书籍（例如 F. W. Sears 和 M. W. Zemansky 合著的 *College Physics* (1952)，被不少高中学生奉为"物理科的圣经")往往只余下一个硬纸做成的书盒,书脊印上书名,里面却是空空如也!印象最深刻的一本书是 I. Asimov 的 *Building Blocks of the Universe*(1957),叙述元素周期表的故事,又一次令我感受到不同学科(化学、物理、数学)的密切关联。

还有一本课外书予我的影响也颇大,就是 E. T. Bell 的 *Men of Mathematics*(1937)。这本书得到的评价,褒贬参半,对书本的微言主要是内容与史实不符,渲染之余以讹传讹。不过,我们对作者应持较公平的态度,因为其实他在序言已声明在先:"本书绝无任何意思作为一本数学史著述,甚至不是数学史任何片断的叙述。"书里描绘各位数学大师的生平故事,弥漫着一种浪漫情怀,与史实不一定完全相符,但对读者而言,倒是非常有吸引力及令人鼓舞的。我在大学一年级暑假借阅此书,深受数学家的学术生涯吸引,到了大学毕业时舍物理而就数学,与读了此书不无关系。

总的来说,我在小学、中学、大学的学习历程,有苦也有乐,以后者居多。今人好言"愉快学习",其实古已有之,《论语·学而》说:"学而时习之。不亦说乎。"《论语·雍也》说:"知之者不如好之者。好之者不如乐之者。"不过,这不等于说为学不必下工夫。宋代王安石写了一篇《游褒禅山记》,文中有句"入之愈深,其进愈难,而其见愈奇。"我也记得读过一句诗(忘了出处):"宝剑锋从磨砺出,梅花香自苦寒来。"

正好说明下了工夫而自得其乐的境界。在一本好书的序言（J. Baylis, R. Haggarty, *Alice in Numberland : A. Students' Guide to the Enjoyment of Higher Mathematics*, 1988）作者说："每位专业数学家都清楚知道娱乐成分与认真态度并非互不相容。我们写作此书下的工夫在于保证读者既欢享娱乐成分也不会忽略数学上的重点。"再说一段故事，清代数学家李善兰与英国传教士 Alexander Wylie 在 1852 年至 1859 年期间合译《代数学》（原著是 A. De Morgan 的 *Elements of Algebra*, 1835）和《代微积拾级》（原著是 E. Loomis 的 *Elements of Analytical Geometry and Calculus*, 1850），向中国数学家介绍西方近代数学。较李善兰年轻 22 岁的华蘅芳欲钻研西方数学，向李善兰请教，李善兰赠以译稿，着他细读。华蘅芳看了几页看不下去便问李善兰怎么办，后来他在《学算笔谈》卷五（1882）写下了这样一段话："披阅数页外已不知其所语云……诘诸李君。则云此中微妙非可以言语形容。其法尽在书中。吾无所隐也。多观之则自解耳。是岂旦夕之工所能通晓者哉。余信其言。反复展玩不辍。乃得稍有头绪。譬如傍晚之星。初见一点。旋见数点。又见数十点数百点以致灿然布满天空。"我钟情于数学，就是想欣赏这"灿然布满天空"的繁星。

让我略去大学与研究院的学习经历，并非说那不重要，只是讲演的时间有限。正如我在开首说，我踏入大学之后才领略何谓数学,在大学与研究院度过的时光,是我的数学成长期。那些体验经多年累积沉淀,形成我对数学的看法,在这儿我想与大家讨论其中之一 ——"历史"与"传承"。我服膺于科学史家 George Sarton 的一段话:"数学史家的主要任务,同时又是他最钟爱的特权,就是诠释数学的人文成分,显示数学的伟大、优美和尊严,描述历代的人如何以不断的努力和积累的才华去建立这座令我们自豪的壮丽纪念碑,也使我们每个人对着它叹为奇观,感到谦逊而谢天。学习数学史倒不一定产生更出色的数学家,但它产生更温雅的数学家。学习数学史能丰富他们的思想,抚慰他们的心灵,并且培植他们的高雅品质。"(*The Study of the History of Mathematics*,1936)

　曾经上过我的课的朋友,都知道我在所有课上都渗透数学史的素材,但我不时心存犹豫,即是叙述要多贴近史实?我清楚知道自己并非专业数学史家,要教的是数学而非数学史。固然,我有自己的一种想法和信念,去年读了数学史家 Ivor Grattan-Guinness 一篇文章(History or heritage? An important distinction in mathematics and for mathematics education, 刊于 *American Mathematical Monthly*,111,2004,1-11 页),受到更大的启迪。他说了一句语重心长的话:"历史和传承都是处理过去的数学的正当手法,但把二者混为一谈,或者认定其中之一从属于另一,那就不是了。"我认为以后人的眼光看前人的工作,难免渗入并不存在于前人原意的想法。作为数学史研究,那是必须慎防的做法,但作为数学教学的一种辅助,这种贯通古今的全局观却是弥足珍贵。以下我举两个例子说明"历史"与"传承"的微妙区别。

第一个例子是很多人都熟悉的故事,经不少书本转述流传下来:古代埃及人懂得边长是 3,4,5 的三角形是直角三角形,利用打上 3+4+5 个间距相同的结的绳,他们构作直角,建成垂直于地面的柱和墙。这段传说,似乎源于数学史家 Moritz Benedikt Cantor 的著述(*Vorlesungen Über Geschichte der Mathematik*,四册,1880—1908),但其实他在书上只是说:"暂时让我们假设 —— 但未经证实是否如此 —— 古代埃及人懂得三边的长 3,4,5 满足等式 $4^2+3^2=5^2$,而且他们并没有忽视这三边围成一个三角形,较短的两边夹着直角。"荷兰数学家兼数学史家 Bartel Leendert van der Waerden 在他的名著 *Ontwakende Wetenschap*: *Egyptische*, *Babylonische en Griekse Wiskunde* (1950) 指出这是以讹传讹的传说,他认为 Cantor 是想当然耳。可以肯定的是:(i) 古代埃及有专业测量建筑师,称作"拉绳者",在古代遗迹的壁画上见得到;(ii) 古代埃及的建筑物有垂直于地面的柱和墙,角度相当准确。van der Waerden 说 Cantor 只是运用推理:首先,Cantor 认为这些直角是由"拉绳者"做成，而 Cantor 自己只能够想得出拉一条 3＋4＋5 的绳围成直角三角形，便断言古代埃及人必定是那么做了。但是在课堂上讲这个故事，运用这个简单的教具（打了结的绳），学生会感兴趣，数学内容或能更好掌握，何乐而不为呢？顶多加上一句附注，说明没有明确的历史证据，断定古代埃及人知道 $3^2＋4^2＝5^2$ 与直角三角形的关系。说不定由此可以引起更多的数学讨论，探讨如何构作直角呢。

第二个例子是秦汉时期的数学古籍《九章算术》（公元前 1 世纪至公元 1 世纪之间）卷一第 32 题的圆田面积公式"半周半径相乘得积步"，用今天的数学语言表达，就是 $A＝\frac{1}{2}Cr$。在古代数学文献里，不只一处出现这个结果及其解说。除了三国魏晋时刘徽注《九章算术》提出的割圆术以外，还有希腊数学家 Archimedes 在 *Measurement of a Circle*（公元前 3 世纪）运用外切正多边形和内切正多边形从外从内逼近圆周的计算，也有犹太数学家 Abraham bar Hiyya ha-Nasi 在 *Treatise on Mensuration*（12 世纪）把圆看成是由无穷个由大至小的同心圆组成，把同心圆逐个展开成长短不一的直线，组成一个高是 r 底是 C 的等腰三角形的想法。这些手法，各有千秋。这些文献上的叙述，都是"历史"。从"历史"寻找，我们可以设计不同的解说，甚至构作生动的教具切合不同年级讲课之用。再进一步，让我们比较

一下 $A=\dfrac{1}{2}Cr$ 和 $A=\pi r^2$ 这两道公式。由于 $C=2\pi r$,二者等价,但前者有个优点,是显示了一个重要深刻的问题:A 是二维的量度,C 是一维的量度,A 是由 C 为边界曲线围成的区域的面积,二者有没有关联呢?在高等数学中,这项美妙关联叫做"微积分基本定理"。大家在中学已经见过"微积分基本定理"最初等的(一维)形式,凭着它我们能计算众多的(定)积分。"微积分基本定理"的高维推广,叫做"Stokes 定理",说明了某个可定向流形上的积分与有关的微分形式在该流形的边界上的积分的关系。在大学一年级微积分课程必定学到"Green 定理",是"Stokes 定理"的二维情况,把它用到一个圆上面,立即得出 $A=\dfrac{1}{2}Cr$(较详细的叙述,见另文:"历史"与"传承",刊登于 *Datum*,42,2005,1-5 页)。[①]这类讨论,便是"传承"。

"历史"或"传承",都是倚仗前人的智慧。难怪黎巴嫩裔美国诗人 Kahlil Gibran 有一首诗这样说:"你手提的灯并非是你的;你唱的歌并非在你的心中谱成。因为即使你提着灯,你本身并非是亮光;即使你是一把弦琴,你并不是弹奏弦琴的人。"(*My soul preached to me*,1922)我们身为教

---

① 请参看书内另一篇文章:"不,我不在数学课堂运用数学史。为什么?",第 3 节的第 3 个例子。

师，对此当有体会。

英诗之父 Geoffrey Chaucer 在 *The Canterbury Tales* (1386) 把朝圣者群中一位牛津学者形容为 "And gladly wolde he lerne and gladly teche（他所喜爱的是学与教）" 正好作为我的写照，因为我一向相信"教学相长"这句话。初中的时候我读过一副妙联："若不撇开终是苦，入如反顾方为人"，巧妙贴切地把"若"、"苦"、"入"、"人"这四个字嵌进对联的内容，所以至今我还记得。（当时我少深究文章出处，所以不能肯定作者是谁。后来有人告诉我那可能是出自清代才子纪晓岚笔下。）上联很应景——撇开了系主任之职，我不再"苦"！下联则更有意思。有位美国计算机专家 Scott Kim，擅长绘画异常巧妙的美术图案，一次他绘了一个英文词 teach，把它反转再颠倒过来看，竟然是 learn。我非常喜欢这幅图案（可以在 J. R. Block 编著的 *Seeing Double* (2002) 中找到），因为它表达了教与学只是一体的两面吧！印度文豪 Rabindranath Tagore 有一首诗讲述对一位教师的要求，很值得我们记住：

　　　　不求进步的老师，不是真正的老师。
　　　　自己不在燃点的蜡烛，又怎能点亮别的蜡烛？
　　　　不再主动求知的老师，就开始重复陈词滥调，
　　　　他只能加重学生头脑的负担，

不能激起思想的活力。①

有一段话，我用以自勉，也常常与将为人师或已为人师的旧学生共勉："为教人而教书，由教书而教人。学而不厌，方能教而不倦。学无止境，教无止境。"今天你们回来与我共度这个对我意义重大的聚会，予我莫大的支持和鼓励，叫我心存感激，多谢各位。

---

① 何崇武教授这段译文，是从好友李信明那儿得悉的。

我看"大众数学"[①]

我们常常听见这样的话:"随着时代进展,社会、经济、技术各方面形势今昔有别,数学教育亟须因应这些转变做出改革。"究竟是什么主要因素迫使这种改革呢?大别而言,我看可分为两个层次。其一乃技术层次。譬如说以前没有计算器,较繁复的计算只能依靠对数表,于是所有学生必须学懂熟练运用对数表;如今不只有了计算器,叫对数表失宠了,甚至更先进的计算机也日趋普遍,作为现代公民又得认识这项新事物,学懂运用它。又譬如说现代公民最好具备

① 原文刊于:严士健(编)《面向21世纪的中国数学教育:数学家谈数学教育》。南京:江苏教育出版社,1994 年,256-265 页。台湾:九章出版社,2000 年。

基本的统计知识,也最好懂一点运筹学。但在二十多年前这些学问只有数学专业学生才能在大学甚至研究院里碰上。其二乃社会层次。即是说,社会发展一方面对公民素质提出新的要求,另一方面它又影响了社会上的价值观,从而影响了学校里的学习环境和风气,带来新的教育问题。显然这两个层次绝非没有关联,但总的来说后者比前者复杂多了,也深刻多了。因为它不单涉及教什么不教什么的问题,更涉及怎样教以至教育目的整体重订的问题。我们甚至不妨说,后者统率了前者。虽然明知眼高手低,让我趁这个笔谈机会对后者提出一些近乎乌托邦的管见。既云乌托邦,自有不容易实现的意思,但寻梦的人总还要有的,况且梦想亦非注定不能成真吧?

现代社会趋向开放、多元化、信息流通、高科技发展。它要求每一位公民具备一定的知识、技能和素养,能吸收也能分析事物信息,又能综合和传意,非仅机械化地执行指令而已,此所谓民智。由于各方面发展迅速,学校的使命不再是要教懂学生一辈子生活所需的知识技能,而是要为学生提供终身学习的巩固基础,学校要培育的是一批又一批懂得现代文明、具备现代眼光襟怀的公民。社会对公民有这样的要求,教育便得普及至全部适龄的儿童和青少年,因此任何现代社会均以普及教育广开民智为己任。这一点本身乃好事,但由于社会压力它也带来新的教育问题,特别如果我们不对课程内容及教学目标做出相应调整的话,学校和社会之间的脱节现象只会日显严重。

　　在普及教育制度下,所有适龄儿童和青少年都要入学,学生多了,他们的家庭背景不一,学习动机不一,学业进度不一,他们各自有不同的学习经验和习惯,各自对前途有不同的期望和志向,新的教育问题由此产生。(我这样说,绝对不是暗示普及教育不应实行,也不是暗示这种种不同有何不妥,根本上多元化社会就是这样的。我只想指出普及教育可不单是学生数目增加那么简单,而是整个教育理念的改变。香港在 1978 年实施九年免费教育,法例规定父母必须送 15 岁以下的子女入学,就在不少人仍未清楚了解普及教育的理念又缺乏心理准备的情况下,普及教育新纪元在香港揭开了序幕[1]。正因如此,其后教育界面临一个又一个的难题,在过去 15 年间这些问题引发的弊端逐渐显露出来。以下说的虽然是根据我对香港教育情况的观察,但与内地某些城市的情况比较,我相信有类似的地方。至于内地乡村地区面对的教育问题,却是另一个极端,即是因为缺乏经费教育不能普及。)另一方面,随着普及教育发展,学位增多,升学机会不再如以往万中挑一,于是以往因其筛选功能而被视做提供学习动力的公开考试消减了它在这方面的作用,从正面看是减轻了不健康的考试压力,从负面看却使不少学生懒散下来而不知珍惜受教育机会。加上社会风气所及,多数人急功近利而不尊重知识,一种消费者心态逐渐入侵学校,教育沦为技能训练,教师沦为知识商贩,师生关系沦为商贩顾客关系。学校的功能被视做只为社会供输劳动力,教育办得成功与否完全以商管的成本回报率量度。久而久之,不只学生无心向学,但求以最少的劳力换得最合算的成绩,就连办教育的有些人也认为普及教育必然意味程度低落,唯一应付方法就是迎合"顾客"口味,降低对学生的要求。但不要忘记,如果硬要套用市场经济的术语,在教育这项"生产过程"当中,学生不只是"顾客",他们同时也是"产品"!因此,岂能以这些顾客的口味作为衡量产品好坏的唯一标准呢?固然,我们不应墨守成规而无视社会对普及教育的要求和压力,但为了迁就学生而片面降低对学生的要求,只会纵容一种好逸恶劳和见难即退的心态,造成人的素质下降,与普及教育目的刚好背道而驰!况且,如果身为教师只晓慨叹学生的素质一代不如一代,那是否低估了学生的学习能力和学习兴趣呢?这种对学生的不自觉轻视态度只会对学生造成负面影响,本来有能力或者有兴趣的学生也给推往无心向学去了!

数学向来被视为小学中学教育的必修科,如同语文一样,是非常有用的基本技能,显然在普及教育中应占一重要席位。但同时数学也被视为需要具备某种天分才能应付得来的学科,又怎能说它是大众的数学呢?因此,我们不能不先看看数学教育之目的。不同时代不同地区的数学课程纲要,就内容细节和措词字眼而言或不尽相同,但笼统扼要地说,其目的不外可归纳为三方面:(甲)思维训练;(乙)实用知识;(丙)文化素养。如此说来,今天(甚至明天)的数学教育与昨天的数学教育有何不同?我以为当普及教育推行后,虽然数学教育目的还是一样,但有两个问题却较以前更需要顾及,那即是教学内容的复杂性和关切性。前者问:是否大部分学生能领会教学内容?后者问:是否大部分学生认为值得花工夫时间去领会教学内容?我国古代伟大数学家刘徽注《九章算术》"序言"里已经提到:"虽曰九数其能穷纤入微,探测无方。至于以法相传,亦犹规矩度量可得而共,非特难为也。当今好之者寡,故世虽多通才达学,而未必能综于此耳。"想不到这种"数学冷漠症"过了 1 700 年后还是普遍流行,数学教育工作者对于导致这种现象的原因能不深思乎?让我试提出以下三点原因:(1)数学本质之一乃抽象思维;(2)数学有它独具的符号语言;(3)数学有它悠久的历史。

先来谈第一点。虽然我们常常从实际事物出发去构思数学对象和激发数学意念,但很快我们便不得不踏入抽象理念世界才能翱翔于数学的王国。其实,这种抽象思维能力随着个人的教育和学识与日俱增,倒非高不可攀。而且思维乃人类最宝贵的财产,人类文化赖它得以继往开来,任何学科均脱离不了抽象思维,又何独于数学?只不过数学是一门把抽象思维提升至高度的学科,提升至一定高度便叫好些人吃不消了。

再谈第二点。符号语言是数学特有的语言,对不少人来说它构成主要的学习障碍,因为不少人面对符号和公式时,没能看透这些符号和公式背后的意义,摸不着头脑也就容易迷失方向,长此下去便对数学畏而远之了。但从历史上看,正是符号语言的创设,使人的思路及表达变得清晰紧凑,带来 16 世纪以来数学的迅猛发展;适当的符号引进后,它们能更好地突出问题的内部结构,帮助人们进行抽象思维,作更深入的理解。

至于第三点,为何数学历史悠久反招来大众对它的冷漠呢?原来当近代物理、化学、生物犹处于发展初期,数学已经背上两千多年的辉煌成就,但小学中学的数学课程差不多只包括在这段时期之前的数学;即使在大学课程里,当物理、化学、生物从 19 世纪以后的发展开始阐述,一直推向 20 世纪以至当代新发现的同时,大部分学生的数学知识却终结于 19 世纪中叶的成果!因此大部分学生对数学的近世发展不甚了了,有些甚至以为微积分已经是数学的巅峰!而且,数学有个异于其他科学的特点,即是它是一门累积的学问,它的过去将永远融会于它的现在以至未来当中。为了在规定的时间内传授一定分量的知识,为了把数千年的数学成果浓缩于十余年的小学、中学、大学课程内,我们往往侧重数学的技术内容,用一种表面看来清晰利落的手法迅速教懂学生这套凝聚了数千年人类智慧的特别语言。换句话说,我们把数学仅视做一种技能和一件工具去传授。这样做,纵使我们传授了知识,亦必掩盖了数学作为文化活动的面目。学生不容易了解数学有它的生命和发展,有它的过去和未来,学生容易把数学看成是一堆现成的公式和定理,虽然正确无误但僵硬不变且刻板枯燥,学生见到的尽是技巧堆砌和逻辑游戏,予人闭门造车的印象。难怪只有极少数学生被数学吸引了,也有少数一些学生明白到日后需要使用这件工具姑且把数学挨过去,其余绝大部分学生都与数学疏离,或者厌恶害怕它,或者对它持冷漠态度。很多学生毕业后却像完全没有上过数学课,只当它是噩梦一场![2]

数学教育有狭义和广义两方面:前者指传授数学知识,后者较难界定,让我把它说成是数学观的体现。什么是数学观呢?有些人以为那是抽象的哲学观念,其实它并不抽象,每个人都有自己的数学观,即是自己对数学的看法,对数学本质和意义的见解。既然每个人总有自己对事物的看法,每个人便肯定有自己的数学观。(如果有人认为无须理会数学的本质和意义,只要懂计算便成,那也是他的一种数学观。)每个社会成员的数学观汇集起来,其主流形成该社会的数学观。千万不要看轻这点,千万不要以为数学观与数学教学无关。就个人而言,不论你自觉也好不自觉也好,你的数学观必定流露反映于你的教学中,从而影响了你的学生。就整个社会而言,证诸历史,数学教育以至数学的内容和发展,决定于当时当地的数学观。

多年前我读了王梓坤教授写的好书《科学发现纵横谈》[3]后得到启发,在一次给教育学院师生的讲座中谈到数学上的"才、学、识"[4]。这个提法源于清代文学家袁枚的话:"学如弓弩,才如箭镞,识以领之,方能中鹄。"正好借用以概括上面曾经提到的三项数学教育目的:(甲)思维训练;(乙)实用知识;(丙)文化素养。于数学而言,"才"是指计算能力、推理能力、分析和综合能力、洞察力、直观思维能力、独立创作力,等等;"学"是指各种公式、定理、算法、理论,等等;"识"是指分析鉴别知识再经融会贯通后获致个人见解的能力。单是"学"的传授,仅是狭义的数学教育而已,"才、学、识"三者兼顾才是广义的数学教育。这种广义的数学教育不把数学仅视做一件实用工具,而是通过数学教育达至更广阔的教育功能,这包括数学思维延伸至一般思维,培养正确的学习方法和态度,良好学风和品德修养,也包括从数学欣赏带来的学习愉悦以至对知识的尊重[5]。单单传授知识,从广义角度看自然是一个失败,即使从狭义角度看,只着重操练数学技能也不见得传授了知识。这样做可能使学生应付过了考试,但却使大部分学生丧失兴趣、好

奇心、批判能力和自学能力,甚至丧失传意能力和表达能
力。更讽刺的是数学本乃讲求理性辩论的学科,但在大部分
学生心目中却是最专制最教条式的学科,教师乃无上权威,
教师的话乃金科玉律,答案对错不在乎学生理解孰对孰错
而在乎教师的最后裁决!学生既然感受不到一种学习愉悦,
也就难以养成对知识的尊重,当社会风气倾向于急功近利
时,自然觉得读书无用了。从几届国际数学教学评估测试报
告中看表面结果,亚洲学生的数学测试成绩排名世界前列,
加上华人学生屡屡在国际数学竞赛中取得佳绩,华人数学
工作者当中又不乏世界上一流学者,我们容易得来一种印
象,中国人的数学才能很高,中国的数学教育很成功。但是
我对这点却不敢沾沾自喜,会不会我们在技术内容方面要
求过高以致忽略了别的方面,而付出的代价就是那些不能
在规定时限内以标准测试方式量度的品质呢?譬如说,我们
是否忽略了数学的人文成分呢?有人会问:如何对数学的人
文成分进行评核测试?的确,那是难以评核测试的,但是否
非评核测试不可?教育也让我们懂得待人处事之道,那又是
否需要以某个考试作评核呢?

　　普及教育里的数学教育应该强调广义数学教育,即使
狭义数学教育的技能训练部分也已经随高科技发展转移了
重心。教师不必着眼于学生懂多少条公式和定理,而应关心
如何提高学生的学习动机和兴趣,增强教学内容与日常生

活或以往学习经验的关切,激发学生的本有潜质让他们自我成长,培育学生的独立思考和批判反思能力,使学生能欣赏到数学的文化魅力。以上的改革,单凭重编数学课程内容恐难达至,须有赖教师之力,而且须有赖具备某种素质的教师之力。这种勇于迎接时代挑战的数学教师,无论对数学、教育、认知心理、学生性向均能掌握,他们不只通达数学科的理念和知识结构,更能明白学生需要,善于引导启发学生学习。而且他们持开放态度,不断探索省思以求自我提升。由于他们兼顾教学上"才、学、识"三方面,我们不妨称这种数学教师作"学养教师"[6]。

让我用以下一段自勉的话结束这篇笔谈:

为教人而教书,由教书而教人;

学无止境,教无止境。

参考文献

[1] 黄毅英.普及教育期与后普及教育期的香港数学教育.萧文强编,香港数学教育的回顾与前瞻:梁鉴添博士荣休文集,香港:香港大学出版社,1995.69-87
[2] 萧文强.谁需要数学史.数学通报,1987(4):42-44
[3] 王梓坤.科学发现纵横谈.上海:上海人民出版社,1978
[4] 萧文强.数学·数学史·数学教师.抖擞双月刊,1983(53):67-72
[5] 萧文强.数学史和数学教育——个人的经验和看法.数学传播,1992,16(3):23-29
[6] Siu F K, Siu M K, Wong N Y.(萧陈凤洁,萧文强,黄毅英)The changing times in mathematics education; The need of a scholar teacher. *Proceedings of the International Symposium on Curriculum Changes for Chinese Communities in Southeast Asia: Challenges of 21ᵗᶜ Century*,香港中文大学,1993年6月,223-226

工夫在数外[①]

南宋诗人陆游写了一首诗(《示子遹》)：

"我初学诗日，但欲工藻绘；

中年始少悟，渐若窥宏大。

怪奇亦间出，如石漱湍濑。

数仞李杜墙，常恨欠领会。

元白才倚门，温李真自郐。

正令笔扛鼎，亦未造三昧。

---

① 1995 年 12 月 23 日香港数学教育学会成立，在成立典礼上我应邀作讲演，以"工夫在数外"为题。本文是从讲稿摘录出来，曾刊于《数学教育》(*EduMath*) 第二期(1996 年 6 月)，15 页，也曾刊于黄毅英编，《迎接新世纪，重新检视香港数学教育 —— 萧文强教授荣休文集》，香港数学教育学会，2005 年 6 月，53-54 页。

　　诗为六艺一,岂用资狡狯。

　　汝果欲学诗,工夫在诗外。"

读了这首诗,我联想到自己学习数学的经过,竟起了共鸣,甘冒东施效颦之险,把结尾一句改成"汝果欲学数,工夫在数外。"

　　陆游的"工夫在诗外"包含了四点:(1) 不要只顾专注文采工夫,单求诗文华茂;(2) 更要注意思想境界,诗文才有内涵;(3) 也要丰富生活阅历,诗文才有活力;(4) 还要注意品德修养,诗文才有风骨。"工夫在数外"亦包含了四点:(1) 不要只顾专注数学形式工夫;(2) 更要注意数学思想方法;(3) 也要丰富数学生活阅历;(4) 还要注意数学工夫的品德修养。第一项是"数内"工夫,其余三项是"数外"工夫。不是说前者不重要,但在"大众数学"的前提底下,后者更形重要,却一向被忽略了。八成中学毕业生日后不需要使用很多数学,只有二成中学毕业生可以说是"数学使用者",但不论对何者而言,通过学习数学得来的"数外"工夫却是同样重要。这种工夫需要时日浸淫,可惜大部分学生被过量的"数内"工夫吓怕了,早自高小阶段便对数学科既厌且惧,平白失掉这个充实自己、培育成长的大好机会。

　　先谈第一项,"文采"绝非贬词,不妥当的只是过分专注文采,或者未达领会文采阶段却硬取其外表的作法吧。就以六朝骈文为例,为了讲究对仗工整、声律铿锵、辞藻华丽、典故博奥,文章的艺术形式是丰富了,作者的写作技巧是提高了,只是有些作者过分追求对仗声律,堆砌辞藻典故,以致文章晦涩,形式僵化,内容空虚。数学亦复如是,每位数学教师从教学经验中一定能举出不少数学文采的例子,若运用得宜,收效至大;若不加剪裁,效果相反(略去例子)。至于第二项的数学思想方法,大家都知道是指什么,但第三项的数学生活阅历是指什么呢?我以为可以分为三方面:纵是追溯数学概念和理论的来龙去脉,横是探讨数学文化的本质和意义,广是认识数学的应用及经常联系数学与日常生活碰见的现象。最后一项提到数学工夫的品德修养,也许应该多说一两句,以下让我们谈谈。

　　数学学习中,除了思考外还应注意读、讲、写。培根(Francis Bacon)说过:"读书使人渊博,谈论使人机智,写作使人准确。"一般教育如是,数学教育何独于外?数学提供了培养所谓"核心技能"的上佳园地,这包括语文能力。语文能力薄弱,很大程度上与思想贫乏及思路不清有关,学好了数学,有助于学好语文。其实,注意读、讲、写这三项训练,涉及更深层(但不适宜以说教式口吻明示)的品德培育。每当我改作业,尤其评阅试卷的时候,我不时感到难过;并非是学生答错了或者不懂得作答,而是他们作答的方式和作风叫我难过。不晓得是否受到自中学以来考试方式的影响,很多学生习惯了想到什么便写什么,下笔前毫不组织答案,既不管写下来的跟题目有关与否,亦不管逻辑上前后次序颠倒与否,反正改卷的人会按照评分标准的要点打分数,只要答案中出现该要点便有机会获分数了!这样东拉一句西扯一句,不要说是否合乎推理逻辑了,有时连文意连贯也谈不上!等而下者开首先抄下题目所给的假设,结尾抄下题目要证明的结论,中间胡乱写一些有关无关的东西,然后"神来一笔",用一句"由此而得 ……"便把首尾连接起来!这种心存侥幸意图混过的不老实作风,比起不懂如何作答更叫我失望。

当代数学名家外尔(André Weil)说:"严谨之于数学家犹如道德之于一般人。"明代学者徐光启译西方古典数学名著《欧几里得原本》时说:"下学工夫,有理有事。此书为益,能令学理者祛其浮气,练其精心;学事者资其定法,发其巧思。故举世无一人不当学。"这种学术真诚心正好在学习过程中潜移默化。还有那种解难的韧力,也可以在学习数学中培育。现今很多学生习惯了应试技巧,一看题目不能马上套用现成方法便放弃。在考试时因为时间紧迫这样做情有可原,但后遗症却是他们把这种"即食"心态带到平日的学习中去,由此丧失了好奇心,养成思想懒惰。要是不愿思想,自然无从领略学习愉悦了。学习数学能养成思想勤劳、真诚不苟、实事求是。无怪乎徐光启说:"学此者不止增才,亦德基也。"

数学、数学教育和鼠标[①]

一、鼠　　标

见到题目，读者会猜测文章一定是与 IT(Information Technology，信息技术) 有关。他们猜对了，不过他们会大失所望，因为文章并不讨论如何利用 IT 教授数学。本文作者没有足够资格讨论如何利用 IT 教授数学，文章要讨论的重点，在本节结束前会有明确分晓。

让我直截了当先谈鼠标(mouse，亦称滑鼠)这东西。

① 　这篇是 2004 年 12 月在第三届华人数学家会议上的英语讲演，文稿刊于 *AMS/ IP Studies in Advanced Mathematics*，2008 (42)：861-874，亦转载于新加坡数学会杂志 *Mathematical Medley*，2006,33(2)：19-33。本文由作者及陈凤洁合译。

Stanford Research Institute 的 Douglas C. Engelbart 带领一队研究人员专研人类与计算机互动平台,有多项发明,其中一项是今天我们称之为鼠标的东西,于 1968 年 12 月 9 日面世。原始的鼠标是一个装有两个金属滚轮的木盒,1970 年 11 月他取得这项装置的专利权,形容它为"展示系统的 X-Y 显示器"。[1]

在一篇 1963 年发表的文章中,Engelbart 已经预言今天计算机所拥有的一般特质[2]:

> "在这个阶段,人们可以把正在处理的概念的代表符号展示在眼前,并且可以把这些符号移动、储存、提取,按照极其复杂的程序操作。人们只需要提供最小量的信息,便能运用互相配合的特殊技术设备,使计算机作出迅速回应。"

除却技术设备以外,Engelbart 在文章中还宣告一项关键讯息,即计算机不单是提高效率的工具,它还能提升智慧,因而改变我们对这个世界的思想方法。他说:"我们可以设想一些比较浅易的方法。增加操作外在符号的能力,再而设想接踵而来在语言和思想方法的改变。"[2] 以文字处理为例,他描述了文字处理器的原理,评论它对书写的影响,认为它并非只是提供快速打字功能那么简单。[2]

"因此,这个假设的书写机器能让你用一种崭新的方法处理写作。例如,你可以从旧的草稿中提取摘录,重新排放,再以打字方法加上字句或段落,便能迅速撰写新的草稿。因而你的第一草稿只代表以任何次序无拘无束地涌现的意念。在你检查曾经出现的想法时,会不断激发新的考虑因素和意念,……如果你能快速及灵活地改变工作记录,便可以更容易整合新意念,令创作更加顺畅。"

这篇文章的主旨,是要讨论这些新技术如何影响数学的学习与教学。

二、数学科(在学生与公众心目中)的当前状况

最近我看了一本书,题为《谁需要古典音乐呢?文化选择与音乐价值》(*Who needs Classical Music? Cultural Choices and Musical Value*, Julian Johnson),其中有以下几段话:

"音乐教育工作者的处境很困难,他们尝试讲授一些学生很少机会在课堂以外碰到,更不用说

要运用的东西,这样做不单在课堂里受到学生抗拒,在课堂外受到的阻挠也愈来愈大。即使行内人也对古典音乐宣称的功能多了自我怀疑,这样,于音乐教育明显造成影响。新的作风变成多元化,只求讨好所有人,不可冒犯任何人。因此,教育制度一如市场机制:学生可以选择多种不同的产品。不过,因为对产品缺乏深入分析,他们不可能做出有意义的选择。"[5]118-119

"我的论点中心是:古典音乐与众不同,是在于它刻意注重自身的音乐语言。它能称为艺术,是因为它对本身的内容及其规格式样情有独钟,不仅考虑对象及社会功能而已。"[5]3

"……它与日常生活有切身的关系,但又不是迫切的;即是说,它由我们的直接经验取材然后加工,用另一种方式表现出来。如此,它与日常生活保持一定距离,却同时与日常生活保持某种关系。"[5]5

我对这几段话产生共鸣,因为如果把"(古典)音乐"换作"数学",这些话也描述了实况:数学教育和音乐教育面对同样的困境。由此引出另一个问题:数学群体是否过分只关注自身而自视过高呢?

讽刺的是：当无人否认数学是重要且实用的同时，这门学科对公众的吸引力却不断下降 —— 学习动机下降，热情下降，认真程度下降，因而选修数学的本科生人数也下降。为什么呢？有很多外在因素，其中有些不是数学群体可以控制的。但是，还存在一些内在因素须要数学群体自省。在这篇文章我将会集中讨论一些与 IT 有关的内在因素。（也许我要先指出，对我而言，这些"因素"并不一定带有负面的标签，我只是希望从中反思。）

三、我们的一些学生是怎样的

让我们马上来到教室看看，很多老师（至少我）会对下面描述的情况同样感到沮丧：[9]7

"你有没有遇到做一般普通刻板运算也莫名其妙地出错的学生？

你有没有遇到忘记你去年教的、上学期教的、甚至上星期教的东西的学生？

你有没有遇到在测验时懂得做普通计算题却不懂得在其他场合使用这些技巧的学生？

你有没有遇到好像什么都明白了（因为他们测验都取得及格）但却抱怨什么都不明白的

学生？"

以下我叙述两个课堂经历的事例：

(1) 在微积分课堂的考试上，我让学生做一道相当常见的题目：平面 $x+y=1$ 与曲面 $z=xy$ 相交于某曲线，求这条曲线（由 xOy 平面上起计）上最高点及最低点。

这道题目可以视为满足某约束条件的极值问题，甚至化作单变量的极值问题。其实，即使只懂得中学数学的二次型知识，已足以解决这道题目。可是，除了正确答案以外，我还读到以下的"答案"。

"答案 1"：$z=xy$ 及 $x+y=1$。故 $xy-z=x+y-1$，即 $xy-z-x-y+1=0$。置 $F(x,y,z)=xy-z-x-y+1$，则 $\dfrac{\partial F}{\partial x}=y-1=0$，$\dfrac{\partial F}{\partial y}=x-1=0$，$\dfrac{\partial F}{\partial z}=-1=0$。这是不可能的，所以极值点并不存在。

"答案 2"：$z=xy$ 及 $x+y=1$。故 $xy-z=x+y-1$，即 $z=xy-x-y+1$。$\dfrac{\partial z}{\partial x}=y-1=0$，$\dfrac{\partial z}{\partial y}=x-1=0$，由此得临界点为 $(1,1)$。由于 $\left(\dfrac{\partial^2 z}{\partial x\partial y}\right)^2-\left(\dfrac{\partial^2 z}{\partial x^2}\right)\left(\dfrac{\partial^2 z}{\partial y^2}\right)=1^2-0=1>0$，可知 $(1,1)$ 是个鞍点。

"答案 3"：$z=xy$ 及 $x+y=1$。故 $(x+y)^2=1$，即 x^2+

$y^2+2xy=1$，亦即 $x^2+y^2+2z=1$，或 $z=\dfrac{1}{2}(1-x^2-y^2)$。

$\dfrac{\partial z}{\partial x}=-x=0$，$\dfrac{\partial z}{\partial y}=-y=0$，由此得临界点为 $(0,0)$。由于

$\left(\dfrac{\partial^2 z}{\partial x\partial y}\right)^2-\left(\dfrac{\partial^2 z}{\partial x^2}\right)\left(\dfrac{\partial^2 z}{\partial y^2}\right)=0^2-(-1)(-1)=-1<0$ 及

$\dfrac{\partial^2 z}{\partial x^2}=-1<0$，可知 $(0,0)$ 是取局部最大值的点。

"答案4"：$z=xy$ 及 $x+y=1$，故 $\dfrac{z}{x}=y=1-x$，即 $z=x-x^2$，亦即 $z-x+x^2=0$。置 $F(x,z)=z-x+x^2$，则 $\dfrac{\partial F}{\partial x}=-1+2x=0$，$\dfrac{\partial F}{\partial z}=1=0$。这是不可能的，所以极值点并不存在。

如果学生绘出几何图形，答案便显而易见，从而察觉以上每一"答案"的错误。但是有些学生只热衷于解题的"独步单方"而不自觉地局限了自己的视野，就像马儿戴上遮眼罩一样。

（2）在抽象代数课，我给学生出了一道颇为标准的习作：定义影射 $F:Z[X]\rightarrow Z[\sqrt{2}]$ 为 $F[f(X)]=f(\sqrt{2})$，试证明 F 是个环同态，是满射但不是单射。

有一位学生前来对我说他不懂得怎样做。他能说出环同态的正确定义，但我看得出他并不理解其中的含意，只是死记硬背单射同态、满射同态这些名词。当我询问他有什么

困难时,他含含糊糊地说:"我读到同态那一节,课本上说它涉及两个元 x_1, x_2;你知道嘛,$f(x_1+x_2)=f(x_1)+f(x_2), f(x_1 x_2)=f(x_1)f(x_2)$,……。你必须利用 x_1, x_2 作计算,事情变得有些复杂,…… 让我在 $Z[X]$ 取两个元 $x_1,$ x_2,那么 $f(x_1+x_2)=f(x_1)+f(x_2)$;咦,那不是我在线性代数课上学过的东西吗?但现在我须要考虑 $F[f(x_1+x_2)]$ $=$……,怎样才可以插入那个 $f(\sqrt{2})$ 呢?我没有办法把 $f(\sqrt{2})$ 放进去!"我向他指出那两个元 x_1, x_2 都是整系数多项式,未定元为 X;再问他 $f(x_1+x_2)$ 究竟是什么,甚至他写下的 f 究竟是什么时,他一脸惘然之色!

奇怪的现象是:学生似乎不明白首先必须弄清楚问题是什么,他们只是尽量抓着一些看似熟识或曾经学过的东西不放,他们没经思考却希望借助这些东西去处理当前的问题。其实,把已学的东西与新学的东西联系起来,不失为一个好主意,而且是很好的训练。但是,他们的轻率态度,他们不作深入思考而急于找到答案的做法,值得我们关注。

很多时候,不是数学内容本身难倒学生,至少起初仍然不是;而是他们还未碰到数学内容已被难倒!他们不能安静地坐下来思考问题。当然,安静地坐下来思考不能保证一定能解决问题,但至少可以弄清楚问题是什么和明白困难所在,否则只能养成一种乱打乱撞的心态(在本文将称此为"鼠标点击"心态)。更坏的情况是,如果学生不知就里而击中(其实他不明白自己为何作此一击),便深信已经明白个中道理,但事实并非如此;如此得来的混乱知识,终有一天会成为他的学习障碍。

四、关于学习数学

Henri Poincaré 说过:"无疑,要教师讲授一些他自己并不完全满意的东西,并不容易;不过,教师自身的满足感并不是教学的唯一目的。我们首先要关心学生的思想状况,以及我们祈望他们达致什么境界。"[13] 设法了解学生如何学习是非常重要,即使每个人学习的方法不尽相同。Seymour Papert 在文献[11],第五章中 创造了个名词"mathetic" 代表学习的艺术,类比于"pedagogy" 代表教学的艺术。正正如是,"mathematics"("数学") 在希腊字源表示"那些要学的东西",因此,数学就是要学的东西,而不只是要教的。

究竟这一代的学生怎样学习呢?美国时代周刊出版的一期特刊(2003 年 8 月 25 日—2003 年 9 月 1 日) 封面上有这样的大标题:"超级儿童:科技如何改变人类的下一代?"。里面刊载一篇以"上网学习"为题的文章,文中有两点值得注意:

　　"儿童的脑袋愈来愈擅长于处理各种视觉信息。"

　　"孩子们愈来愈善于在同一时间处理多项事情，不过代价是，他们不能深入了解其中任何一项。"

IT 时代培养了新的一代，他们与上一代，即他们的父母或老师，有不同的工作习惯、学习习惯、以至思想方式。年青的一代对外来刺激反应快得多，更能同一时间处理多项工作；另一方面，他们却欠缺上一代的耐性和专注，较少愿意把单一项工作完成至一定深度。对于上述情况，有不少书本讨论其优点（例如文献[10]，[12]）及其缺点（例如文献[16]，[17]）。双方的意见，我们都应该聆听。

　　如果我问学生：已知量 A 是小于、或等于、或大于已知量 B 呢？很多学生会马上启动脑袋里的"鼠标"，以下是可能的对话：

　　"小于？"

　　"错。"

　　"大于？"

　　"错。"

　　"等于。"（中了！）

　　不过我不会以"对"或"错"回应学生的答案，而以"为

什么?"去引导他们思考;可惜的是,大部分人不愿意思考。他们惯于用鼠标快速地得到"对"或"错"的答案,以错了又再试的反复试验方法(trial and error)来学习。用鼠标找答案,就算错了,时间上也无损失,反而思考如何得到合理的答案更花时间。因此,我们毫不奇怪为什么今天没有多少学生有足够耐心去明了一些例如下述的问题:有一次,甲断言乙否认丙宣布丁是说谎者。已知甲、乙、丙、丁每人各自说三句话中只有一句是真实的,问这一次丁说真话的可能性有多大?(这问题由英国天文学家数学家 Sir Arthur Stanley Eddington 在 1950 年提出,刊载于 *American Mathematical Monthly* 第 57 期,在文献[3]中有解释。)碰到这样的问题,脑海里并没有"鼠标"可以点击!有些学生被问题的趣味吸引着,还愿意保持一点耐性努力去尝试解答。但是,他们若碰到一些是数学课本里较标准的习题,而要求有如花在上题的工夫才能明白时,反应又如何呢?例如:设 $f: \mathbf{R} \rightarrow \mathbf{R}$ 是个连续函数,S 是 $\mathbf{R}$ 的一个子集。如果每个在 S 的数列都有一个子数列收敛于 S 内的某个数,试证明对任何正数 ε,必存在正数 δ 满足以下条件,当 x 和 x' 是 S 内的数且 $|x-x'|<\delta$,则 $|f(x)-f(x')|<\varepsilon$。(一项相关的、值得辩论的要点:我们今天是否应如过往那样重视这类问题呢?)

我们仍然倾向于告诫学生:学习数学时,如果碰到复杂的情况,应该冷静、集中精力去处理问题。诚然,对于其他一些科目,"点击鼠标"可能已成为一种普遍使用的方法,甚至是更有效的方法。有一些情况,用鼠标点击所有可能的答案所花的时间,比事前有根有据地选择正确答案为少;有一些情况,影像展示带来的讯息,比抽象演绎方法为多。在这种文化中成长的学生,我们能否说服他们事实并不一定是如此呢?我们应该让他们知道,"点击鼠标"方法,在学习数学上是行不通的,因为有很多情况,没有一位"高人"在旁,可以每次替他们决定哪一项选择是正确的答案。

在这个 IT 年代,我们应该保持深入思考这一优良传统;前人清楚解释了这一点。《周髀算经》是现存最古老的中国数学书籍,相信是公元前 5 世纪至公元前 2 世纪编写的,其中载有容方和陈子的对话:

容方曰:…… 今若方者。可教此道邪。

陈子曰:…… 然。此皆算术之所及。子之于算。

足以知此矣。若诚累思之。

容方曰:方思之不能得。敢请问之。

陈子曰:思之未熟。此亦望远起高之术。

而子不能得。则子之于数未能通类。是智有

所不及。而神有所穷。夫道术言约而用博者。

智类之明。问一类而以万事达者。谓之知道。

…… 夫道术所以难通者。既学矣。患其不博。

既博矣。患其不习。既习矣。患其不能知。

…… 是故。能类以合类。此贤者业精习肖之质也。

意译如下：

容方说：…… 像我这样愚蠢的人可以学习数学吗？

陈子说：当然可以。你学懂了的基本算术已经足够令你可以继续学习。

（几天后，容方再去找陈子。）

容方说：我还是想不到；可否再请教你呢？

陈子说：这是因为虽然你想过，但未达到思考成熟 ……。你不能把你学过的融会贯通。…… 涉及的数学虽然简单，很容易解释，但却有广泛应用。明白了一类问题后，可以引伸至其他类别的问题。…… 精通数学之难处在于：学懂了却担心未达到广博，达到广博了却担心实习不足，实习足了却担心理解的能力；能够比较和对照各类问题的人，才是有智慧。

五、三个与内容有关的例子

计算机技术的不断发展，可能改变数学教学内容的要点，又或者改变数学的教学法。有些数学内容过去是教学重点，今天或不须要如此重视，或应以另一观点教授。虽然我已声明自己没有足够资格讨论数学教学如何结合 IT，但我得承认 IT 在数学教学上担当一定的角色。这个问题，一方面因为我的专门知识不足够，另一方面因为内容太专门，不适合在本文讨论，不过，我会用三个例子说明一些有趣的要点。

（1）在 1980 年代某堂课上我使用一具可写作程序的袖珍计算器去显示以多项式近似符合一个给定的函数，也就是该函数的 Taylor 级数表示。今天使用计算机的话会更生动，收敛的性质会更清晰（图 1）。但那丝毫没有抹杀理论

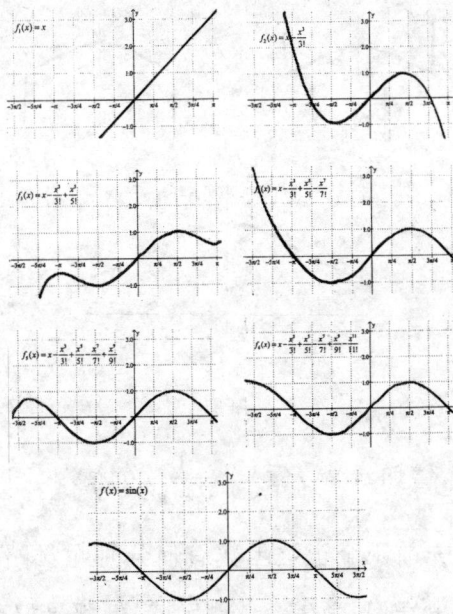

图 1

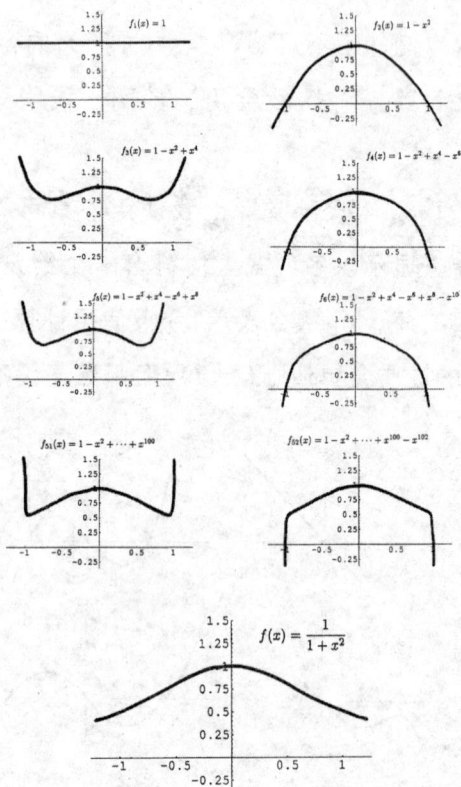

图 2

讨论的重要,譬如看看 $f(x)=\dfrac{1}{1+x^2}$ 的情况(图 2)。这个函数的情况与先前那个正弦函数有何分别呢?即使计算了很多项也看不出端倪,学生会感到困惑,但那是好事。在 $f(x)=\dfrac{1}{1+x^2}$ 的情况,在开区间 $(-1,1)$ 外面发生了什么事呢?

在 $f(x)$ 中置 x 为 1 或 -1 仍然看不出苗头来。要全盘明白这一回事，我们需要从理论角度着手，把 $f(x)$ 看成是复数域上的函数，事情才看得透彻。

如果多项式不能达至近似符合的目的，有没有别的函数可以用呢？一些理论考虑再辅以计算机影像展示，学生便会了解到 Fourier 级数的力量了（图3）。

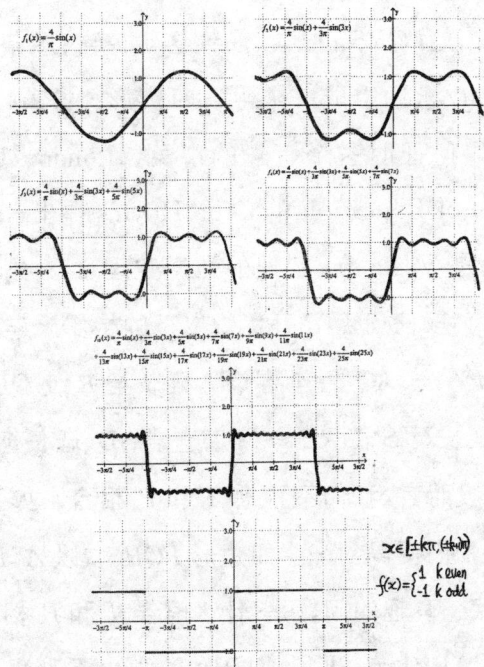

图3

（2）法国数学家 Pierre Varignon 在 17 世纪证明了一条有名的平面几何定理：若 A, B, C, D 是任意四边形

$PQRS$ 的边上的中点,则 $ABCD$ 是个平行四边形(图 4)。

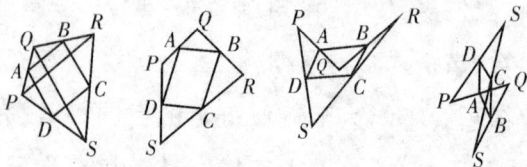

图 4

运用计算机几何软件 CABRI 或 SKETCHPAD 学生可以随意更改 $PQRS$ 的形状获致这份惊喜;四条边上的中点 A,B,C,D 永远组成一个平行四边形。接着,他们可以开始思考如何证明这个有趣的现象。London University 的 Institute of Education 的 Celia Hoyles 提出一项更深刻的观察,就是 Varignon 定理的强逆定理[4]。先给定四点 A,B,C,D。取任何点 P 开始做以下的构作。连结 PA,延长至 Q 使 $PA = AQ$。连结 QB,延长至 R 使 $QB = BR$。连结 RC,延长至 S 使 $RC =CS$。连结 SD,延长至 T 使 $SD = DT$。一般而言,我们不预期 T 和 P 相合。如果 T 和 P 真的相合,我们便得到一个四边形 $PQRS$,以 A,B,C,D 为其边的中点。有趣的问题是:什么时候 T 和 P 相合呢? 再一次运用 CABRI 或 SKETCHPAD,学生不难察觉到当 P 走动时,TP 其实是一段长度不变方向不变的线段。这是一个有用的线索,导致运用向量去证明 T 和 P 相合当且仅当 $ABCD$ 是个平行四边形。

如果我念中学时有 CABRI 或 SKETCHPAD 那多好！在中学时代我爱做欧氏平面几何的题目,回头看那些日子,我尝到发现的乐趣,也尝到明白一些既是可触及的实在(你至少可以从画图中看到发生什么,虽然起初你仍然不明白为何那些事情会发生),但又不明显(起初你不知道为何会如此)的现象。几何是让人可以同时训练逻辑纪律但又培养天马行空想象的一个科目。在中学时代,为了让自己对一个问题更熟悉了解,我画了不少的图,但无论我手绘多少图,当然远远及不上用 CABRI 或 SKETCHPAD 那么有效率及富有启迪作用。

(3) 最后这个例子取材于香港大学教育学院 Francis Lopez-Real 和 Allen Leung(梁玉麟)的研究工作[7],也是关于欧氏平面几何,但试图带出另一要点。他们的研究涵盖范围更广,是关于 DGE(Dynamic Geometry Environment)。首先他们要求学生运用 CABRI 解以下问题:构作一直线段 AB,把 AB 分成三等份。构作方法颇简单,在 AB 上取任意一点 C,以 C 为中心以 AC 为半径构作一个圆,切 AB 于 D。再以 D 为中心构作一个同样大小的圆,切 AB 于 P。把 C 沿 AB 拉至使 P 和 B 相合,则 C 相应地给拉至 C',D 相应地给拉至 D',便有 $AC' = C'D' = D'B$ 了。

有趣的事情是把这个手法用于给定 $\angle AOB$,取圆弧

AB 上任意一点 C,构作等角 $\angle AOC$, $\angle COD$, $\angle DOP$,其中 D, P 也在圆弧 AB 上。把 C 沿圆弧 AB 拉至使 P 和 B 相合,则 C 相应地给拉至 C', D 相应地给拉至 D',便有 $\angle AOC' = \angle C'OD' = \angle D'OB$ 了(图 5)。

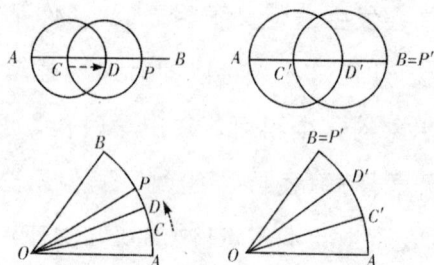

图 5

　　两个构作有没有基本差异呢?从理论角度看,我们晓得古典几何构作方法能三等分一个线段但不能三等分一个角。因此,DGE 中有些额外的元素给加进了。一个可以探讨的问题是:利用这种新工具,有哪些构作问题可以被解决呢?如同历史上数学家研究在古希腊几何里有哪些构作问题可以被解决呢?我也由此想到,科技如何影响数学发展?如同直尺和圆规启发了古希腊数学家研究构作问题,从而导致新的数学方法及理论出现[8],在未来的日子里,IT 导致新的数学方法及理论出现,一点也不奇怪。

六、后　语

2004 年 1 月某日丹麦报章 *The Copenhagen Post* 的头条是：

　　重拾片件：乐高于 2003 年出现历史性亏蚀，管理层大调整

　　2003 年丹麦巨型玩具生产商乐高(Lego，其名出自丹麦语 LEg GOdt，意思是"开心玩")亏蚀高达 1 亿 8 800 万欧罗，其中一个原因是投资策略上的错误。近年来乐高太着重生产与流行电影及书籍有关的玩具，这些"目标为本"的产品虽然是精密、时髦，但同时也是"一次过"的。相比之下，一套简单的乐高积木可以任由人按照自己的创意砌出各种不同的玩意儿。因此，乐高的行政总裁宣布将再主力生产他们的基本产品：乐高积木。

　　数学老师从这一事件中得到什么教训呢？我认为那是一项有力的提示：数学课堂不适宜只为某些特定用途而广泛使用 IT；长远来说，注重基本概念对学习更为有利。学生需要学习和掌握什么基本概念呢？IT 可以怎样帮助学生学得更好，而不会局限他们的审慎及深入的思考能力呢？

怎样保证发现法并不等同胡猜乱想的策略、富于想象的态度并不等同漫不经心的态度、同一时间进行多项工作的能力并不等同马虎仓促完事、使用 IT 并不等同不经思考地只按指示逐步进行呢？这些问题都是数学教育工作者在这个 IT 年代须要思考的。

第二节曾讨论古典音乐，我们现在再读一段有关古典音乐的文章摘录，文章题目是"不合调"，刊于 2003 年 4 月 5 日英国报章 *Financial Times*：

> "……相继由教会、贵族社会、资产阶级孕育及培养出来的古典音乐，在'微波炉文化'中不合时宜，它的价值，在于纪律、专注、自我完善、独特个性、灵性／哲学沉思等等，都是少数受教育者的价值。"

在这一段摘录里，我们可以再一次把"古典音乐"换作"数学"。Julian Johnson 在他的书里也表达相似但更强烈的感受[5]89：

> "我们生活在一种'即食'文化（digest culture)中；在'即食'文化中，人们不愿意作持续思

考,这种情绪很快演变为敌视持续思考的态度;不久,敌视态度更遮掩了不能从事持续思考的能力。"

不愿做持续思考(sustained thought)的危险确实存在;数学的显著特点与 IT 时代的流行文化之间,有一种内在的"不协调"。但是,这种"不协调",不应被看成是一种"矛盾"。我们要明白在 IT 的年代,思想不集中与深入思考间存在着一种张力;但是,人们不可能永远都同样活跃,而不停下来用心思想。我以中国经典名著《大学》的一段话作为结束:

知止而后有定。定而后能静。

静而后能安。安而后能虑。

虑而后能得。物有本末。

事有终始。知所先后。则近道矣。

参考文献

[1] Bardini T. *Bootstrapping*: *Douglas Engelbart*, *Coevolution*, *and the Origins of Personal Computing*. Stanford: Stanford University Press, 2000
[2] Engelbart D C. A conceptual framework for the augmentation of man's intellect, In: *Computer-supported Cooperative Work*: *A Book of*

Readings , Greif I ed,San Mateo：Morgan Kaufmann Publishers. 1988，35-65；originally published in *Vistas in Information Handling* , Volume I, Howerton P ed,Washington,D. C. ；Spartan Books, 1963. 1-29

[3] Feller W. The problem of *n* liars and Markov chains, *Amer. Math. Monthly* , 58 (1951)：606-608

[4] Hoyles C. Varignon's big sister, In： *The Changing Shape of Geometry*： *Celebrating a Century of Geometry Teaching* , Pritchard C ed Cambridge：Cambridge University Press,2003. 177-178

[5] Johnson J. *Who Needs Classical Music? Cultural Choice and Musical Value* , Oxford；Oxford University Press,2002

[6] Legge J. *The Chinese Classics* , Volume I： *Confucian Analects, the Great Learning, the Doctrine of the Mean* , Oxford：Clarendon Press, 1893; reprinted edition, Hong Kong： Hong Kong University Press, 1960

[7] Lopez-Real F,Leung A Y L. Dragging as a conceptual tool in dynamic geometry environments, In： *International Journal of Mathematics Education in Science and Technology*

[8] Martin G E. *Geometric Constructions* , New York： Springer-Verlag, 1998

[9] Mason J H. *Mathematics Teaching Practice*： *Guide for University and College Lecturers* , Chichester；Horwood Publishing, 2002

[10] Negroponte N. *Being Digital* ,London： Coronet Books, 1996

[11] Papert S. *The Children's Machine*： *Rethinking School in the Age of the Computer* , New York：Basic Books, 1993

[12] Papert S. *The Connected Family*： *Bridging the Digital Generation Gap* , Athens；Longstreet Press, 1996

[13] Poincaré H. Les définition en mathématiques, *L'Enseignement Mathématique* , 1904（6）： 255-283（English translation in *Science and Method* by H. Poincaré,1914; reprinted in 1952, 1996）

[14]Siu M K. "Less is more" or "less is less"? Undergraduate mathematics education in the era of mass education, *Themes in Education* , 1：2 (2000)；163-171

[15]Siu M K. Learning and teaching of analysis in the mid twentieth century： a semi-personal observation, In： *One Hundred Years of L'Enseignement Mathématique*： *Moments of Mathematics Education in the Twentieth Century* , Coray D, et al, ed L' Enseignement Mathématique, Genève, 2003. 179-190

[16] Stoll C. *Silicon Snake Oil*： *Second Thoughts on the Information Highway* , New York：Anchor Books, 1996

[17] Stoll C. *High-Tech Heretic*： *Why Computers Don't Belong in the Classroom and other Reflections by a Computer Contrarian* , New York：Doubleday,1999

教(学)无止境：
数学"学养教师"的成长[①]

一、社会与教育制度之转变

自 1978 年起香港实施九年免费教育，法例规定父母必须送 15 岁以下的子女入学。在不少人尚未清楚了解普及教育的理念又缺乏心理准备的情况下，普及教育新纪元揭

<hr>

① 　与陈凤洁、黄毅英合写。原文刊于林智中、韩考述、何万贯、文绮芬、施敏文(编)，《香港课程改革：新时代的需要研讨会论文集》，1994 年，53-56 页；后载《科技报导》第 148 期，1994 年，9-13 页；《数学教学》第 134 期，1994 年，6-9 页。此增订版原刊于萧文强(编)，《香港数学教育的回顾与前瞻：梁鉴添博士荣休文集》，1995 年，129-137 页。

开了序幕[1]。从此香港的教育制度渐渐从昔日的精英教育转变为大众教育,教育界也就面对一项重大课题:如何使课程切合大众教育的需要?在普及教育制度下,学生来自不同的社会阶层,各自有不同的学习经验和习惯,各自对前途有不同的期望和志向。随着普及教育发展,小学、中学以至高等院校的学位增加,就学机会增大,就连以往因其筛选功能而被视做提供学习动力的公开考试,也消减了它在这方面的作用。(从好的方面说,是考试压力减轻了。)教师必须花更多时间考虑如何诱发学生的学习兴趣,如何照顾能力参差且期望不同的学生,如何选编和布置教学内容,以培养学生日后成为社会上明智且负责的成员。更重要的,教师必须在普及教育的前提下考虑所教科目的教育目的。其实,即使教育制度没有转变,以上种种都是教师应该关心的问题,只是普及教育实施后,一下子它们都给推上日程来,况且普及教育和精英教育于目的而言亦有根本差异,以上种种检讨,更形必要。

有一种说法,认为普及教育必然带来程度低落、成绩下降,唯一的解决办法是降低对学生的要求,反正既然不是精英教育,何须人人学那么多不切身的知识呢?这种说法看似明智,实际忽略了两点:(一)现代社会趋向开放、多元化、高科技发展,它要求每一位社会成员具有一定的知识、技能和素养,学校的使命已不在于"教懂学生一辈子工作所需的知识技能"，而在于"为学生提供终生学习的巩固基础"[4]。由此看来，普及教育的推行不只必须，而且它对学生的要求绝对不比精英教育的要求为低！（二）为了迁就学生而片面降低对学生的要求，只会纵容一种好逸恶劳和见难即退的心态，导致人的素质下降。

二、数学教育目的之重整

以上种种问题，固然与整体普及教育有关，但就数学科而言，问题犹见突出。一向以来，数学被视做中小学教育的必修科，如同语文一样，是非常有用的基本技能，在普及教育中占一重要席位。但另一方面数学又被视为须要具备某种天分才能应付得来的学科，又怎能成为大众教育的重要部分呢？因此，我们不能不先看看数学教育的目的是什么，如何因应普及教育的新使命而对这些目的作出重整。

如果我们翻阅各时各地的数学课程纲要，便会发现它们开章明义发表的教育目的大同小异，由于时代或地区有别，措词容或不同，但笼统扼要地说，不外分成三方面：思维训练、实用知识及文化素养。清代文学家袁枚说过："学如弓弩，才如箭镞，识以领之，方能中鹄。"我们不妨借用来把上述三个目的归结为数学的"才、学、识"[2]。于数学而言，"才"是指计算能力、推理能力、分析和综合能力、洞察力、直观思维能力、独立创作力等；"学"是指各种公式、定理、算法、理论等；"识"是指分析鉴别知识再经融会贯通后获致个人见解的能力。单是"学"（局限于实用知识）的传授，仅是狭义的数学教育而已，三者兼顾才是广义的数学教育，这种广义的数学教育不把数学只视为一件实用工具，而是通过数学教育达致更广阔的教育功能，这包括数学思维延伸至一般思维，培养正确的学习方法和态度、良好学风和品德修养，也包括从数学欣赏带来的学习愉悦，以至于对知识的尊重[3]。

　　普及教育里的数学教育，理应强调这种广义的数学教育，而且狭义数学教育的技能训练部分已随高科技发展转移了重心。既然如此，课程便要重整以配合时代发展。教师不必着眼于学生懂多少公式、定理，而应关心如何提高学生学习动机和兴趣，增强教学内容与日常生活或以往学习经验的关联，激发学生的本有潜能，让他们自我成长，培育学生的独立思考和批判反思能力。以上的改革，单靠重编教学内容恐难达至，须有赖教师之努力。即使课程重编以后，教师始终是站在第一线体现课程精神的执行者。而且这种改革亟须具备某种素质的教师之力。这种勇于迎接时代挑战的数学教师，无论对数学、教育及学生性向均能掌握，本身亦须为思索者、研究者与课程设计者，我们无以名之，称之为"学养教师"[5]。

三、学养教师之成长

怎样才算是一位学养教师呢？这样提问并不适当。学养教师不是一种资格，并没有什么条文标准订定下来，满足这些条文标准的便是学养教师，不满足的便不是。学养教师也没有一种"范本"，依照着做的便是学养教师，不依照着做的便不是。学养教师的主要素质正是一种开放的态度和一种不断探索省思以求自我提升的动力，如同学生的学习，学养教师的成长也是一个不断提升的过程。固然，要成为学养教师，大家有共通的目标，但过程则因人而异，多元发展，绝不可以囿于一尊。惟其如此，我们发觉不容易以例子说明何谓学养教师，但大家关心的，却正好是一位学养教师如何处理教学上的问题，他怎样渗透自己的观点，他的那些素质是否有助于教学。让我们姑且选取一个例子略作说明。我们并不是说例子叙述的就是最佳处理方式，它只是提供几个角度去观察问题而已。虽然叙述上必然涉及教学过程，例子的主要目的可不在此，我们并不是要提供一份教案。或者可以这样说，我们希望通过例子说明学养教师的一个信念："处处留心皆学问"。

为了找一个高低年级数学教师都熟悉的例子，我们选取了初中几何课程里"相似形"这个课题。一般课本会先通过实用例子(如缩小或放大图样、模型或地图比例、测量等等)引入相似形的概念,然后把讨论集中于相似三角形的情况,一来三角形是最简单的图形,二来任意多边形都能分割为若干个三角形(至少对凸多边形这是轻易能办到的)。大部分课本随即介绍相似三角形的三条检定法则:(一) 三个角对应相等;(二) 三条边对应成比例;(三) 一个角相等且夹着这个角的边成比例。(顺带提一句,如果不考虑三角形以外的相似多边形,学生不一定能体会到这些法则的要点,就是说一个本来同时倚靠角与边来描述的概念,在三角形的场合却只需要部分数据即能界定。没有体会到这一点,便容易以为那些检定法则即是一般相似形的定义。举个例子,曾经有学生这样证明三条平行线把二直线截成比例线段 (图1甲):$ABED$ 和 $BCFE$ 是相似梯形,故 $AB : BC = DE : EF$ 。但一般而言,那两个梯形不是相似的。)不少课本都不证明这三条法则,甚至连相似形的定义也没有交代清楚,引至教学上偏重要求学生机械化地运用上述法则计算答案。一般而言,这种做法在低年级不会产生什么问题,顶多有些学生对于如何发现那些法则略感疑惑而求诸强记,又或者偶然有少数学生希望明白为什么那些法则是对的。若事前教师辅以适当引导,例如提供足够的实验结果、直观的解释、比对全等三角形的几个类似的检定法则,学生的疑惑便可以减轻。然而,到了较高年级,学生接触到较多要证明的几何命题，问题便可能产生了。（我们不打算在这儿讨论要不要证明？证明在课程中应占多少分量？何时引入证明？怎样学习证明？但所有这些都是一位学养教师应该关心的问题。）譬如说，有条叫做"中点定理"的命题：三角形两边中点的连线平行于另一边，而且连线的长是另一边的一半。课本上的证明多数是这样（图 1 乙）：设 D 和 E 分别是三角形 ABC 两边 AB 和 AC 的中点，从 C 构作平行于

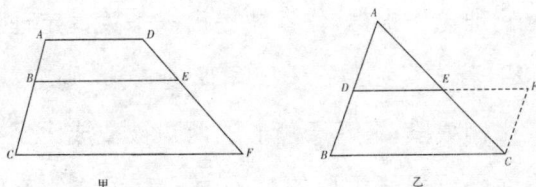

图 1

AB 的线段 CF 与 DE 延长相交于 F。先证明三角形 ADE 和 CFE 全等，由此得 $DA = FC$，故 $DB = FC$，所以 $DBCF$ 是平行四边形，因而 DE 平行于 BC，而且 $DE = FE = \frac{1}{2}BC$，定理证毕。假设有学生提问："为什么你不考虑三角形 ADE 和 ABC 呢？明显地它们的一个角相等且夹着这个角的边成比例，因此它们是相似三角形，马上知道 DE 平行于 BC，且 $DE = \frac{1}{2}BC$。何须如此做作添加补助线段 CF 呢？"怎样向这个学生解释呢？又或者有些学生见过几何证

明后,回想低年级学过的相似三角形检定法则,执卷问难,作为教师的,自己心目中可有一个全局观呢?

只要打开欧几里得(Euclid)的名著《原本》(*Elements*)(成书于公元前 3 世纪初),大家便会发现那三条相似三角形法则分别是卷六的命题 4、命题 5 和命题 6,而今天中学几何的全部内容除相似三角形以外都在前面五卷出现了!为何如此呢?原来《原本》第五卷是关于比例理论的,有了严谨的比例理论作根据,作者才提出一条关键定理,即是卷六的命题 2:若一直线平行于三角形的一边,则它截三角形的两边成比例线段;又若三角形的两边被截成比例线段,则截点的连线平行于三角形的另一边。有了这条定理,那三条相似三角形法则便不难证明了,在此不赘。关键定理的特殊情况就是"中点定理"及其逆定理(亦称"截距定理")。如果我们还没有证明那条关键定理便运用相似三角形法则,解释仍欠完整;要是我们不深究如何证明相似三角形法则却贸然运用这些法则来证明关键定理的特殊情况("截距定理"),就更是堕入逻辑上"猫儿追自己尾巴"的圈套(见后记)! 其实这种种混乱皆因课程内容布置而产生,为了在低年级介绍相似形我们不得不省略某些定理的证明,于是有些结果从不证明、有些结果却要求证明。加上这些结果在不同年级先后出现,学生又未臻适当的数学成熟程度可综观全局,他们会误以为数学是零碎松散但又企图披上严谨外衣的科目,因此也是他们肯定理解不来的科目。对于这点,有心的教师及课程设计者能不深思吗?

当我们弄清楚那几条定理及其证明之间的逻辑关系后,便要追问下去,教学上我们可以采取什么步骤呢?再读《原本》或者又能得到启发。卷六命题 2 的证明利用三角形面积的一个性质:等高的三角形(或平行四边形)的面积相比如同它们的底的比,那就是卷六命题 1 的内容。换了是在今天的课堂上,如果学生已经懂得三角形的面积公式(面积等于底乘高的一半),我们可以利用这个作为出发点解释相似三角形的三条法则。其实,运用面积处理相似三角形问题,在中国古代数学素有此传统。譬如魏晋人刘徽著《海岛算经》(成书于公元 3 世纪),第一题问:"今有望海岛,立两表齐高三丈,前后相去千步。令后表与前表参相直。从前表却行一百二十三步,人目着地取望岛峰,与表末参合。从后表却行一百二十三步,人目着地取望岛峰,亦与表末参合。问岛高及去表各几何?"书中给出这个测量问题的计算公式。利用相似三角形知识,今天的中学生不难得出同样的公式,但查看宋人杨辉企图复其"源"的注解(公元 13 世纪),看到他运用面积推算这些计算公式,不禁叫我们对古人立意造术之精妙赞叹不已。那些想法,在今天中学数学教学中,仍有不少足堪借镜的地方呢!

如果再深入玩味《原本》,当能更好体会比例理论深刻之处。譬如卷六命题 31 说：在直角三角形中，斜边上所作的图形（面积）等于夹着直角两邻边上所作与前图形相似且有相似位置的图形（面积）之和。大家自然认得这即是勾股定理：在直角三角形中，斜边上的正方形等于夹着直角两邻边上正方形的和。该定理乃古希腊毕达哥拉斯学派（Pythagorean）的骄人发现，在其他古代数学文化中这个结果也在或更早或稍迟的时候出现而且占重要席位，它亦是数学上最基本最优美的一条定理，在《原本》中给安排为卷一命题 47。但为什么隔了五卷后它又再出现呢？比较卷一命题 47 和卷六命题 31 的证明，当可发现两者各有特色，但中心思想则一般无异。固然，卷六的证明运用相似三角形知识，简洁明快，一针见血。反观卷一的证明，为了动用全等三角形知识而添加补助线，虽说巧妙，总嫌复杂，叫人摸不着头脑！但不要忘记一点，卷一的证明无须倚靠比例理论，仅凭开首几条简单自明的公理逐渐推导下去，过不多久便解释了这样一个绝不明显的深刻结果，卷六的证明却要求读者先弄清楚比例这个概念。有理由相信毕达哥拉斯学派最先发现这条定理时是循卷六比例这条思路的，这段故事牵涉不可公度量的发现，其前因后果是数学史上引人入胜的一页，后来又在现代数学史上复现，前后呼应，成为德国数学家戴德金（Richard Dedekind）在 19 世纪中叶建立无理数理论的萌芽思想。由《原本》的内容编排看，欧几里得似乎为了要及早讲述勾股定理这样重要的结果，费了一番心血寻找一个不必倚靠比例理论的证明。我们今天回顾这种编排的苦心，在教学内容上的设计和布置有何启发呢？

学养教师要关心的，正是这种探本寻源，追查来龙去脉，以高角度观看全局的尝试。那不单是顾及知识结构上的严谨，也注意到学生的认知心理，同时又在这番探本寻源的工夫中欣赏到数学文化的魅力，亲身体会数学经验。固然，自己有了全局观后，教师还得按学生特性设计和布置教学内容让学生经历及欣赏到这种数学经验。所谓教学上"才、学、识"三方面兼顾，即是指此；所谓教学相长，也是指此。

四、结　语

作为学校必修学科的数学，其课程必须重整以配合现代社会普及教育的新目标。单作课程纲要的调整实不足以达此目标，教师须要因应不同学生设计学习经验，并让学生亲身经历学习过程。具备如此眼光襟怀的学养教师，不仅要通达学科的理念及知识结构、明白学生的需要、善于引导学生学习，更须经常反省，以冀不断自我提升。

后　记

本文原刊于《"香港课程改革:新时代的需要"研讨会论文集》(香港中文大学,1994 年 4 月),53-56 页。当时因篇幅所限,有些相似三角形的数学细节没有仔细交代清楚。现趁本书重刊此文的机会,我们除了修改个别字句,还补上一笔。

"截距定理"是"中点定理"的逆命题,它说:通过三角形一边的中点且平行于另一边的直线,与第三边相交于它的中点。与"中点定理"的情况类似,课本上的证明是透过构作补助线再运用全等三角形和平行四边形知识推导出来,但从相似三角形 ADE 和 ABC 中马上看得到 E 是 AC 的中点(图 1 乙),何须构作补助线呢?按照这种思路,我们其实证明了推广的"中点定理"和"截距定理"(不限于中点,只用知道该点把三角形的边分成什么比例线段),那即是《原本》卷六命题 2。我们已经说过,从命题 2 可以推导出命题 4(即是检定法则一),而从命题 4 又可以推导出命题 5(即是检定法则二)和命题 6(即是检定法则三)。如果读者小心验证一番,便知道上文提及无须构作补助线但运用相似三角形知识的简短证明并没有错,只不过由此我们知道命题 2、4、5 和 6 都是逻辑等价,却一点也不明白为什么当中任何一条是对的!欧几里得显然已经考虑到这点,他添了一条定理(卷六命题1),用这条定理去证明命题2,于是解释了全部这些命题。原来关键在于命题1:等高的三角形面积相比如同它们的底的比。因此,欧几里得必须先在卷五仔细阐述比例理论。如果我们不想动用比例理论但又想解释"中点定理"和"截距定理",便只好像课本上的证明,借助全等三角形和平行四边形的知识了。①

参考文献

[1] 黄毅英.普及教育期与后普及教育期的香港数学教育,见:香港数学教育的回顾与前瞻:梁鉴添博士荣休文集,萧文强编,香港:香港大学出版社,1995.69-87
[2] 萧文强.数学·数学史·数学教师.《抖擞双月刊》,1983(53),67-72
[3] 萧文强.数学史和数学教育:个人的经验和看法.《数学传播》,1992,16(3),23-29
[4] National Research Council. *Everybody Count*. Washington, D.C.: National Academy Press, 1989
[5] Siu F K, Siu M K, Wong N Y. "The Changing Times in Mathematics Education: The Need of a Scholar Teacher." In: *Proceedings of the International Symposium on Curriculum Changes for Chinese Communities in Southeast Asia: Challenges of 21ˢᵗ Century*, Lam C C, Wong H W, Fung Y W. eds, Hong Kong: The Chinese University of Hong Kong, 1993.223-226

---

① 对"截距定理"和"中点定理"更仔细的分析,可参考:梁子杰,黄毅英,萧文强.课程设计上的"古为今用"——以"截距定理"和"中点定理"为例,《数学教育》(*EduMath*),第26期,2008年6月,3-10页。

少者多也:
普及教育中的大学数学教育[①]

大盈若冲,其用不穷

老子《道德经》

To see a world in a grain of sand

And a heaven in a wild flower

William Blake. *Auguries of Innocence*

　　自从 1970 年代后期香港中小学普及教育揭开了序幕,不少关心教育的人便意识到大学普及教育将随之而来。即使当时大家不一定预见到 1990 年代大学学额的急剧增加及由此衍生的后果,至少当时大家已经想象得到 1980 年代

---

　　① 本文原刊于萧文强(编),《香港数学教育的回顾与前瞻:梁鉴添博士荣休文集》,1995 年,香港大学出版社,109-118 页;转载于《高等数学研究》,1999 年,第 82 期,2-6 页。

中期以后进入大学的新生,不论在学习经验和习惯,或者对自己的前途的期望和志向,与以前的学生是有分别的。果然,到了 1980 年代后期,不少大学教师在课堂上已经感觉到这种转变。到了 1990 年代初,由于大学学额激增,再加上其他社会因素的影响,这种转变不只越来越明显,并且对课程策划和课堂教学造成极大压力。时至今日,这种压力已经达到不容忽视的地步,问题已经无可回避了。

回顾中小学普及教育的历程,比对大学普及教育面对的问题,不禁使人瞿然以惊,因为我们很可能重蹈覆辙! 在很多教育决策者和教师的心目中,普及教育必然意味程度低落和成绩下降,解决办法只有两个。其一是把课程内容"稀释",以求降低对学生的要求,不求探究的"处方式"例行工夫可以保留,要求思考辩解的内容可减则减。其二是加强督促学生学习的手段,以求学生因为功课多了、测验多了,便多温习,多温习便记得牢。易于测试又方便评核的材料往往就是一些不求甚解也可以回吐的"硬知识",于是这两种办法正好不谋而合,而教育则沦为毫无乐趣的"满堂灌"工夫,而且灌下去的还看似是零散的资料,仅用以应付考试,考试过后也就可以马上忘掉! 从教育总体效果的角度看,这样做是不对的。现代社会趋向开放、多元化、信息流通和高科技发展,它要求每一位公民具备一定的知识、技能和素养,能吸收也能分析事物信息,又能综合和表意,非仅机械化地执行指令而已,此即所谓民智。为求广开民智,普及教育的推行不只必须,而且它对学生的要求绝不比以往精英教育的要求为低。再者,为了迁就学生而片面降低对学生的要求,只会纵容一种好逸恶劳和见难即退的心态,导致人的素质下降,这种做法与普及教育的宗旨实在背道而驰。

　　数学这门学科面对大学普及教育带来的转变,问题尤见严重,因为本质上数学是高度抽象思维的学科,如果撤除思考辩解的内容,还剩下什么呢?既然不能"稀释",但又的确面对很多学生吃不消现行课程这个实际局面,我们要怎么办呢?我不讳言这是一个大难题,我只知道"处惊不变"的做法肯定要失败。以下我打算抛出一点想法,提出"少者多也"这个教学思想。其实,即使教育制度没有改变,以下要说的话还是成立的,只是普及教育实施后,这种想法更形贴切。(我借用了"少者多也(Less is more)"这个口号,它原来是由 1930 年代 Bauhaus 建筑学派大师 Ludwig Mies van der Rohe 提出的。)

一、"少者多也"

　　"少者多也"这句话,语意上似乎自相矛盾,既云少又何来多? 其实我们要说的是:"授课内容的材料是少了,学生学到的却反而多了。"有人会问："教少了不等于学少了吗?"如果教师在课上讲授多少学生顶多学到多少，那么这个问题的答案自然是对的，但在大学教育中我们最不想见到的正是这种现象；在大学教育中我们希望培养学生的求知意欲和自学本领，教师在课上讲授多少不应该成为学生学到多少的上限。可惜很多时候我们或者不自觉或者一番好意给予学生过多照顾，让学生得来一个印象，教了多少学多少便成。我们没有放手让学生自学，也没有留给学生充裕的回旋空间，我们误以为把课程塞得满满的，学生即使吸收了四成也算不枉读了这门课了。"少者多也"的反面是"多者少也"，Albert Einstein 说过一句话正好作为它的脚注："不胜负荷的加重（课程内容）只会导致肤浅的认识（Overburdening necessarily leads to superficiality）。"[1] 只考虑课程要包括这样那样，到头来是带领学生走马看花游一遍"数学博物馆"，单是展品标签上的名字已够瞧的，如何有时间细读展品的解释，更遑论欣赏展品本身了！结果本来对展品感兴趣的人感到不够味道，本来对展品还感兴趣的人失去了兴趣，本来就对展品不在乎的人更加不用说了。即使对展品加以解释，如此匆匆掠过，能听进去的又有多少人呢?

我们把过多材料塞进一门课里，理由只有两个：（一）出于一种对学科的"良心"，没有读过这一条或那一条定理的话，怎么算是读了这一门课呢? （二）出于一种对学生前途的"责任感",要是将来学生需要用到这一条或那一条定理却没有学过,那怎么办呢? 这种良心和责任感很容易扩大,尤其碰上那门课是教师本人的爱好,它就更容易膨胀了。结果是教师马不停蹄,学生囫囵吞枣甚至置若罔闻,于是一切苦心均属徒然! 其实上述两种想法都撇开了最主要的一点,即是我们要教的是学生而不单是要教这一门或那一门课,我们要关心的是学生能否从课中得益而不单是他们将来需要用到这一种或那一种知识。曾经有人尖酸戏谑说:"既然学生通常只记得授课内容的四成,为了使学生合乎资格,只用把授课内容增加至百分之二百五十可也!"但每一位数学教师心里都明白,如果教了十条定理学生就只懂那十条定理的话,教书还有什么意思呢? 不过,授课内容也不可以不理会,无论我们要培养学生具备怎样的品质和能力,我们总需要某种知识内容作为教育过程的介质。况且,教育目的之一,正是要培养每个人面对杂沓纷纭的知识和数据时,善于整理、鉴别、消化和运用这些知识和数据。因此,针对一门课的内容讨论"少者多也"这种教学思想,不只有意思,而且是必要的。

二、"少者多也"的实例

让我们取大学一年级基本线性代数课作为一个例子谈

谈"少者多也"。先此声明，我只想以此为例讨论一种教学思想，我并不是要在这儿专门讨论线性代数课程，读者切莫把这一节看做是一个线性代数的课程大纲。

虽然学生在中学时代不一定听过二维或三维欧几里得空间这些名词，也不一定见过 $\mathbf{R}^2$ 或 $\mathbf{R}^3$ 这些记号，但他们一定熟悉这两个具体空间的若干几何性质。从这两个具体实例推广至 N 维欧几里得空间 $\mathbf{R}^N$，再推广至抽象的向量空间（亦称作线性空间），在认知过程上绝非轻而易举。身为教师者都是"过来人"，而且是"成功的过来人"，却往往忘记了自己身为学生时那种挣扎，以为这种推广是自然不过，于是三言两语即交代了向量空间的定义，接着推导出一系列向量空间里元素之间的关系和属性，不消多久更上一层楼，线性相关、线性无关、基、维数，等等新概念排山倒海而来，因为接下来还有线性变换、矩阵、秩，等等更多更有趣的课题等着讨论呢。但是，不少学生在这个起步阶段已经掉队了，一部分索性放弃，另一部分只好倚靠不求甚解的背诵来应付，越来越觉得数学没有什么意思。哀莫大于心死，不懂这一条或那一条定理事小，这种对数学的误解和抗拒事大，它不单影响了学生的学习，如果他们将来当了数学教师，它的影响还要延续下去呢。

其实，从 $\mathbf{R}^2$ 和 $\mathbf{R}^3$ 推广至 $\mathbf{R}^N$，对初学者来说是踏出第一步；再从 $\mathbf{R}^N$ 推广至抽象的向量空间，是踏出第二步。每一步都不是一蹴而就，尤其第二步更涉及从公理系统这个角度观物，对不少学生来说是崭新的经验，比起第一步是难多了。按照 Guershon Harel 和 David Tall 的术语[2]，第一步只属于"拓展式一般化（expansive generalization）"，明白了 (a_1, a_2) 和 (a_1, a_2, a_3) 的几何意义后，要想 $(a_1, \cdots, a_N)$ 是什么还算有迹可循；第二步却属于"重建式一般化（reconstructive generalization）"，并非只是对已拥有的知识结构添枝加叶，而更要求对已拥有的知识结构进行重建。如果过不了这一关，学生只好把新学到的事物作为"硬知识"接受，虽然定义朗朗上口，却没能把它跟以往学过的事物关联起来，纳入不了自己的知识结构当中。这样的推广只能叫做"不连贯的一般化（disjunctive generalization）"，凭死记硬背，很难记得稳，更遑论活用。明白这一点，我们便知道在规定的课时内传授最多的知识不是最有效的教法，尤其在开首的时候更不应该操之过急，应该让学生多看一些实例，在别的学科（例如微积分的微分运算就是一种"线性化"的思想，本身即是例子，而线性微分方程更是历史上导致线性代数理论产生的一个泉源）或者在中学时代曾经见过的实例（例如多元一次联立方程与二维三维空间中直线或平面的几何性质）则更佳，好让学生从容不迫地建立自己的知识结构。我们可以从各种不同的"线性"问题引导学生明白向量空间的抽象概念如何产生，公理化手法有何优点，直至向量空间的定义呼之欲出，自然水到渠成。这样做，看似教少了或教慢了，但学生却可能学多了。

　　不要忘记，大学数学与中小学数学最不同的地方，可能就是大学数学注重定义和证明，所以在定义上多花时间也是应当的。提到定义，不如取线性无关为例多谈几句。一般书本都这样定义线性无关：N 个向量 $(x_1,\cdots,x_N)$ 称为线性无关，是指不存在非零纯量组 $(a_1,\cdots,a_N)$，使 $a_1x_1+\cdots+a_Nx_N=0$。虽然这个定义精简扼要，但对初学者来说是够神秘的，我们不妨把它引申一下，无谓匆匆掠过。其实，它要说的是 $x_1,\cdots,x_N$ 当中任何一个向量都不能表作其余 $N-1$ 个向量的线性组合[3]20。以几何眼光看，即是说任取其中 $N-1$ 个向量，跑遍全部由它们产生的线性组合，也没办法制造出来那给撇下的一个向量，所以那一个向量是"突出"于其余 $N-1$ 个向量生成的"空间"之外。（在这儿或者应该加一按语。几何眼光固然十分有益，很多时候能辅助理解，但我们要明白每个人脑子里的知识结构不相同，思维方式也不相同。对某些人来说，几何表述反而远不及数式表述来得清晰易明呢。我要强调的一点是：每一个人必须自己建立自己的知识结构，别人只能从旁协助。）既然那个精简但不自然的定义与后面说的定义是等价，为什么要把它写成那个形式呢？原因是那个精简定义才容易验算。若给定一组向量 x_1,x_2,x_3，要验算它们是否线性无关,按照后面说的定义,你必须先验算 x_1 可否写作 x_2 和 x_3 的线性组合,然后验算 x_2 可否写作 x_1 和 x_3 的线性组合,再然后验算 x_3 可否写作 x_1 和 x_2 的线性组合,但其实你只需验算 $a_1x_1 + a_2x_2 + a_3x_3 = 0$ 有没有非零解 a_1, a_2, a_3 便可,而那只不过是机械化计算。弄清楚线性无关定义的含意,对于掌握接下来的概念,如基、维数、秩,等等是很有帮助的。

"少者多也"并不等于把原有课程内容砍掉 1/4、1/3 或者1/2就算了,当中主要有个裁剪的问题。授课内容的材料是少了,却不能没有高潮。譬如说,基本线性代数课里,特征值及其应用是一个高潮,前面讲解的种种只为了设置用来上演这出好戏的舞台。明白了何谓向量空间和线性变换,才能仔细分析某些线性变换的结构,于理论于应用而言那才是中心问题。如果我们只砍掉而不裁剪,弄不好变成单单建立了舞台却不唱戏,观众又怎么会满意呢? 反过来说,如果观众预先知道唱什么戏,或者他们更有耐性观赏舞台的建立呢。介绍了特征值后,又面临另一个"少者多也"的删节问题。运用特征值理论研究矩阵(线性变换)标准型,要完完本本从头至尾交代一次,恐怕在课堂的时间限制下只能走马看花,但完全不讨论又变成不唱戏。一个中间落墨的做法是仔细讨论一个特殊情况,最好能保留基本思想,只是简化了技术方面的考虑。在这儿可以讨论 N 维向量空间上线性变换有 N 个两两不同特征值的情况 [3]246-247,主要的基本思想已经在这个特殊情况出现,可谓"在一粒沙子里看见宇宙,在一朵野花里看见天堂"[4]。好学深思的学生自然不满足于这个特殊情况,要追问如何拓展思路和技巧,那就提供一个师生交流的好机会。减少授课内容的材料不会妨碍富数学才华的学生的发展,反之,如果我们但求学科完整,不顾学生吸收与否,企图完完本本介绍矩阵标准型理论,大部分学生可能连主要的基本思想也捉摸不到,只学来几个名词,考试过后也就忘掉。

三、大盈若冲,其用不穷

在前面两节我解释了"少者多也"的意思,并且通过一个例子说明如何实践这种教学思想。从某方面说,前面说的好像颇"消极",更贴切地说,是以"多者少也"间接说明"少者多也"的重要。但其实"少者多也"还有它的"积极"一面,即使撇开学生能应付多少材料这个问题,教少了反而会学多了。以下我们分四点谈谈。

首先,虽然人的记忆系统可以容纳大量数据,但要有意识、有结构地专注于某一部分数据,却不能兼顾太多了。积累知识的过程也就是一个浓缩知识和重组知识的过程,这桩工作是否做得好,得倚靠一种对知识结构的主次层面的判断,于数学而言不妨称它作"数学品味"。缺乏这种品味的学生会把课上讲授内容看成件件同样重要,但件件同样重要便有如说件件同样不重要。同时,因为专注力分散了,要样样记得只好靠背诵,又因为看不到中心思想,便难以灵活运用学了的知识。如果授课内容的材料少了,没有那么多枝节分散学生的注意力,他们较容易看到中心思想,数学品味较容易给培养起来。枝节乃锦上添花,大可以留给学生自行探索,量力而为。图书馆里参考书籍多得是,有兴趣者大可随意涉猎,进了大学而不懂得利用大学图书馆,只把它看做是一处温习的清静所在,岂不是如入宝山空手回?

其次,授课内容的材料少了,功课和测验少了,学生才有更充裕的时间和更宽敞的思考空间去玩味学了的东西,去建立自己的知识结构,去寻找主次分明的全局观。要塞满一门课倒不难,要恰当留有空间并诱导学生善用空间则绝不容易,借用一位国画名家的话:"有相皆是假,空处最难描。"但学生正需要这样的空间去成长,能善用这些空间便能达致"少者多也"。

再者,要灌输的"硬知识"少了,便有时间顾及学生的表意能力。现时不少学生的推理逻辑及语文表达力很薄弱,这其实显露了含糊混乱的思路和缺乏"思想卫生"的头脑。也许是受到自中学以来考试方式的影响,不少学生习惯了想到什么便写什么,管它跟题目有关与否,也管它前后次序颠倒与否，反正改卷的人按评分标准的要点给分数，只要答案中某处出现该要点便有机会得分了！上了大学后不少学生依然故我，东拉一句西扯一句，不要说是否合乎逻辑了，有时简直谈不上文意连贯！等而下者更企图浑水摸鱼，开始时抄下题目的假设，结尾时抄下要证明的结论，中间胡乱写一些有关无关的东西，然后神来一笔"由此而得……"即把首尾连接起来！固然，数学思维并非仅仅推理逻辑，但推理逻辑是不可缺少的训练，André Weil 说得好："严谨之于数学家，犹如道德之于人。(Rigour is to the mathematician what morality is to man.)"知之为知之，不知为不知；何谓猜想？何谓定理？必须分得一清二楚。每写下一句话，应该清楚地晓得自己在说什么，如果连自己也交代不了，即是未经深思熟虑。自己以为明白了尚且可能有谬误，何况连自己也觉得模糊的，又焉能作为断言呢？Francis Bacon 说："读书使人渊博，谈论使人机智，写作使人准确。(Reading maketh a full man, conference a ready man, writing an exact man.)"[5] 一般教育如是，数学教育亦然。大学数学教育中应该注意读、讲、写三方面的训练。授课内容的材料少了，教师可以有较多时间花在这些方面，又是"少者多也"。

最后不能不提到数学教育的目的，多年前我读了王梓坤教授的好书《科学发现纵横谈》[6] 后得到启发，在一次给教育学院师生的讲座上谈到数学上的"才"、"学"、"识"[7]。这个提法源于清代文学家袁枚的话："学如弓弩,才如箭镞,识以领之,方能中鹄。"才、学、识正好借用以概括三项数学教育目的,即是(甲)思维训练、(乙)实用知识、(丙)文化素养。于数学而言,才是指计算能力、推理能力、分析和综合能力、洞察力、直观思维能力、独立创作力,等等;学是指各种公式、定理、算法、理论,等等;识是指分析鉴别知识再经融会贯通后获致个人见解的能力。单是学的传授,仅是狭义的数学教育而已,才、学和识三者兼顾才是广义的数学教育。这种广义的数学教育不把数学仅视做一件实用工具,而是通过数学教学达至更广阔的教育功能,包括数学思维延伸至一般思维,培养正确的学习方法和态度、良好学风和品德修养,也包括从数学欣赏带来学习愉悦以至对知识的尊重[8]。普及教育里的数学教育,从小学、中学以至大学都应该强调广义的数学教育,教师不必着眼于学生懂多少条公式和多少条定理,教师应该更关心如何提高学生的学习动机和兴趣,增强教学内容与日常生活或者以往学习经验的关联,激发学生的本有潜能让他们自我成长,培育学生的独立思考和批判反思能力,使学生能欣赏到数学的文化魅力,或者说,恢复了数学的"自尊"[9]。当然,这种种长远目标要实现,有赖潜移默化的工夫,仅仅知识传授是达不到的。Albert Einstein 曾经打趣说过:"如果一个人忘掉了他在学校里所学到的每一样东西,那么留下来的就是教育。(Education is that which remains, if one has forgotten everything he learned in school.)"[10]固然,我们可不能完全按照字面意义来理解这个比喻,但它却以推至极端的语调道出了"少者多也"的精神,颇合乎老子的"大盈若冲,其用不穷"[11]的意思。如果能做到"少者多也",学生将会一生受用。

参考文献

[1] Seelig C. ed. *Ideas and Opinions by Albert Einstein*. New York: Crown Publishers Inc. 1954. 67

[2] Harel G, Tall D. O. The General, the Abstract and the Generic in Advanced Mathematical Thinking. *For the Learning of Mathematics* 1991 (11): 38-42; Tall D. O. ed. *Advanced Mathematical Thinking*. Dordrecht: Kluwer Academic Publishers, 1991

[3] Leung K T. *Linear Algebra and Geometry* Hong Kong University Press, 1974. 20

[4] 中译文出于布莱克诗选. 北京:人民文学出版社,1957. 91

[5] Bacon, F. "Essays, Civil and Moral and The New Atlantic." In *Harvard Classics*, Volume 3, C. W. Eliot, ed. New York: Collier & Sons, 1937. 122;中译文出于梁实秋,译注. 英国文学选,第二卷. 台北:协志工业丛书,1985. 1277

[6] 王梓坤. 科学发现纵横谈. 上海:上海人民出版社,1978

[7] 萧文强. 数学、数学史、数学教师. 抖擞双月刊,1983(53):67-72

[8] 萧文强. 数学史和数学教育:个人的经验和看法. 数学传播,1992,16(3):23-29

[9] Fung, C. I. and Siu, M. K. "Mathematics for Math Major: Loss of Its Self-esteem" *Humanistic Mathematics Network Journal*, 1994 (9): 28-31

[10] Seelig C, ed. *Ideas and Opinions by Albert Einstein*. New York: Crown Publishers Inc. , 1954. 63;中译文出于赵立中、许良英,编. 纪念爱因斯坦译文集. 上海:上海科学技术出版社,1979. 70

[11] 老子. 道德经. 见:老子·列子. 诸子百家丛书. 上海:上海古籍出版社,1989

第二篇　数学史与数学教育

"三心两意"的数学教师①

一

十分感谢香港公开大学,邀请我为其"教师素养系列"作其中一讲。由一位素养不深的数学教师主讲数学教师素养,本来有点可笑,不过亦并非全无可取,至少由一位平凡人道出经验,不致所谓"脱离群众"!

这个讲演是香港公开大学二十周年志庆节目之一,首先我向主人家道贺,祝香港公开大学二十岁生辰快乐,继续为本地的高等教育作出贡献。从1993年至2004年我曾担任香港公开大学(前称香港公开进修学院)两门课的校外考

---

① 本文是作者于 2009 年 3 月 13 日在香港公开大学二十周年志庆"教师素养系列"作的讲座。

试委员之职,有机会直接观察这两门课的教学内容及考核情况,了解开放及遥距教育的特色、优点、面对的困难和问题,对于我自己在大学里的教学也有裨益。

二

今天恰巧是 3 月 13 日星期五,俗称"黑色星期五"(Black Friday),在西方据说是不吉利的日子。我想到的倒非洋迷信,而是数学上的问题。下一次 3 月 13 日又是星期五在哪一年发生呢? 是否每年一定有"黑色星期五"呢? 每年顶多有多少个"黑色星期五"呢?

如果你认为这个问题没大意思,让我换另一个形式。今年 2 月 13 日也恰巧是"黑色星期五",翌日 2 月 14 日是"情人节"(Valentine's Day),便落在星期六。按照不少公司和办事处的惯例,星期六只上班半天,甚至根本不用上班,少了男士送花到心仪女士的工作地点表达倾慕之情。听说今年"情人节"花店生意额下降了四成! 如果花店老板懂得计算,便知道明年的"情人节"落在星期日,连半天上班也没了,他们会更沮丧! 数学上的问题是:接着的好几年,哪些"情人节"落在星期六或星期日呢?

你会奇怪,上面说的一大堆话与今天的讲题有什么关系呢? 迟一点你便会知道,现在让我马上点题吧。素养不深却要谈素养,只好来一个哗众取宠的副题目——"三心两意"的数学教师——以吸引听众。你一定意会到题目蕴含了一项文字游戏,"三心两意"并非指日常用语中描述某人拿不定主意,既想这样又想那样的心理状态和处事作风,而是指三种"心"和两种"意"。我相信愿意花时间来听这个讲演的教师,都是一心一意投身教育事业的有心人。

我心目中指的三种"心"是热心、专心和耐心;两种"意"是诚意和"大意"。固然,说成是"三心两意"乃文字游戏而已,你将会在讲演中碰见更多的"心"。不用说,大前提是要有爱心,否则也无谓谈什么教育了。美国数学家莫伊斯(Edwin Evariste Moise)说过一段很有意思的话:"教学这项活动,涉及一种意义十分不明确的人际关系。教师本人是一位表演者、讲解员、监工、领头人、裁判员、导师、权威人物、对话者和朋友。所有这些角色都不易担当,其中有不少还是互不协调的。因此,要成为一位老练成熟的教师,个人品格的细致成长是不可或缺的。"(见 *Notices of the American Mathematical Society*,1973(20):219。)此外,还要保持童心,法国人类学家利瓦伊史陀(Claude Lévi-Strauss)说过这样的一句话:"选择教育作专业的学生并没有向童年世界告别,反之,他正是要保持童心。"

以下让我选取一些中小学课堂的例子,与大家谈谈数学教师如何"三心两意"在课堂内外授业育人。

三

首先是热心,最好的脚注来自德国诗人和思想家诺瓦利斯(Novalis,此乃 Friedrich Leopold von Hardenberg 的笔名):"一位真正的数学家根本就热衷于数学。没有热心,便没有数学。"

其次是耐心,我想举两个例子。

(1)有一套日本动画影片叫做《岁月的童话》,由高畑勋编导及宫崎骏监制,1991 年首度放映。片中的主角是一位名叫冈岛妙子的年轻女士,她往乡间渡假,回忆起小学时代的日子。其中有一个片断提到她学习分数除法遇到困难,总是学不懂,于是妈妈着姐姐教导她。有一题是计算 $\frac{2}{3}$ 被 $\frac{1}{4}$ 相除应得多少?妙子喜欢画图画,画了一个苹果,把它等分为三份,取其中两份、然后她在想怎样把这两份除以 4(见到 $\frac{1}{4}$ 她自然想到把给定的量除以 4)。从图中看来她觉得不难,把那两份逐份分成两半得出 4 份,其中任何一份便是答案,也就是六分之一,所以她告诉姐姐答案是 $\frac{1}{6}$ 。姐姐极不耐烦地说:"不是,不是,完全错了! 你是在做乘数,不是除数！"(姐姐是指妙子计算了 $\frac{2}{3} \times \frac{1}{4} = \frac{1}{6}$，并非 $\frac{2}{3} \div \frac{1}{4} = ?$)这把妙子弄得更胡涂了，她回应说："乘数吗？但怎么做了乘数答案反而(比较原先的 $\frac{2}{3}$)更小了？"姐姐更不耐烦了，不愿再教下去。

众所周知，分数除法是小学数学课程的一个难点，教师除了要明白个中道理，还须具备耐心才能把这项课题教好。妙子的姐姐便缺乏耐心，她只想把方法一次过说清楚(乘以除数的倒数)，便以为教懂了学生。影片中还有一段有趣的尾声，妙子日后回忆这段学习往事，提到班上的女孩子不是人人像她一样学不懂，有些依规矩办，按照计算方法得出 $\frac{a}{b} \div \frac{c}{d} = \frac{a}{b} \times \frac{d}{c} = \frac{ad}{bc}$，觉得分数除法完全不成问题。(妙子还加一笔，说那些一学就懂的女孩子中学毕业后过不久都结婚生子，成为班上的早婚一族！个中缘由，大家不妨讨论一下。)

(2)假设你要求学生构作一个菱形，一位学生把间尺放在两个不同位置画下间尺的两边，他说相交的形状就是菱形了(图1)。你会怎么办？没有耐性的教师会立即

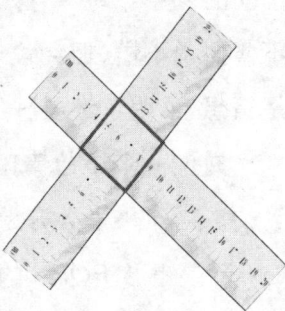

图1

喝停,只准学生用圆规直尺按照教师原定的做法去做。有耐性的教师可以做得较灵活;首先,作为教师你必须弄清楚那相交的形是否为菱形? 如何证明? 当中利用间尺的那些(几何)特性? 弄通之后教师便有发挥余地,可以引导学生探讨几何构作题的意义、几何构作和几何证明的关系、……这样"借题发挥"不单没有打击学生的学习积极性,反而可能引起学生的学习兴趣,何乐而不为呢?

四

接着,我打算把专心和诚意合起来谈。做事和学习要专心,不必多说了;诚意却有两层意思。其一是对教学的诚意,希望尽力把课教好,尽力帮助学生成长。另一是对追求学问的诚意,那包括态度认真,做事不马虎,错了便要承认,不懂便说不懂(但会设法去寻求解答),未证明之前只能说是猜想,证明了还要仔细审察。

先说一个小故事吧,从 2005 年 10 月新加坡报章上读到的。当年小学公开考试有一道试题,貌似无甚特别,如图2 所示。矩形 $PQRS$ 的边长是 15 厘米和 6 厘米,X 是对角线 SQ 上的一点,VXW 和 TXU 是通过 X 各自平行于两边的线,把矩形分成四个三角形和两个矩形。已知三角形 A 的面积是 4 平方厘米,三角形 B 的面积是 16 平方厘米,求

Question 13 on PSLE Maths Exam in Singapore, 2005.

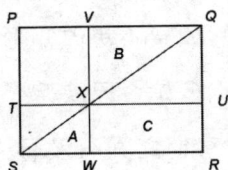

The figure shows a rectangle 15 cm by 6 cm. The area of triangle *A* is 4 cm² and the area of triangle *B* is 16 cm².

What is the area of rectangle *C*?

(1) 20 cm²

(2) 22 cm²

(3) 25 cm²

(4) 28 cm²

图 2

矩形 C 的面积。题目给出四个选择：(1) 20 平方厘米，(2) 22 平方厘米，(3) 25 平方厘米，(4) 28 平方厘米。

最简单的算法是计算三角形 SQR 的面积，那是一半矩形面积，即是 $(15 \times 6)/2 = 45$ 平方厘米，但那等于 $A + B + C$，因此 $C = 45 - 4 - 16 = 25$ 平方厘米。拟题者大抵也是这样做，原意答案是(3)。后来有几位考生指出(1)也是答案！既然 A 和 B 的比是 $4:16 = 1:4$，则 $SW:WR = RU:UQ = 1:2$，故 $WR = \frac{2}{3} \times 15 = 10$ 厘米，$RU = \frac{1}{3} \times 6 = 2$ 厘米，所以 C 的面积是 $10 \times 2 = 20$ 平方厘米。

那怎么可以呢？C 的面积不能既是 25 平方厘米又是 20 平方厘米呀！考试当局最后作出公开道歉和更正，声明不可能有这样的矩形。作为教师，我们应该再研究下去，题目的数据错在哪儿？譬如说，如果不更改矩形的边长，但又要求 B 是 A 的四倍，则 A,B,C 是否已决定了？又譬如说，一般而言，A,B,C 是什么？它们之间有没有关系？这种深究下去的精神便是对追求学问的诚意了。

下面的问题经常萦绕我的脑际："曾经修读高等数学而且成绩优异的学生，是否一定成为一位优秀的中小学教师呢？"根据教学经验我的答案是："也许可以，但不一定。"由此带出下一个问题："为什么不一定呢？要成为一位优秀的中小学教师，需要具备怎样的眼光和见地？需要拥有什么数学知识？"这又带来另一项疑惑："数学不就是数学吗？难道学生要懂的数学有别于教师要懂的数学吗？不同学习阶段的数学容或有程度深浅和内容多寡的分别，但都是数学呀！"（香港教育学院的冯振业博士也关心同样的问题，在过去好一段日子，我们断断续续讨论了很多。借助他那丰富的中小学课室经验和邃密的数学思维，我亦因而在教学上更加留意有关的事例，拿来跟他研究分析。）

首先，让我介绍三位数学教育名家的观点，这三位名家就是波利亚（George Pólya），弗勒登塔尔（Hans Freudenthal）和维特曼（Erich Wittmann）。

波利亚指出数学教育的主要任务是使学生勤于思考，他说过："……首要者是教晓年轻人去思考。"固然，困难之处不仅在于如何思考，而在于怎样令学生主动地去思考。弗勒登塔尔提出'数学化'的教学过程（process of mathematising），不妨引用他自己说的一段耐人寻味的话："儿童需要重复人类在历史上的学习过程，但并非要依循真正发生的经过，最好是假定昔日的人要是比现今我们知道的还要多一点点，他们会怎么办。"这段话貌似自相矛盾，甚至有些荒谬！也许我们再看他的另一段话："学生必须自己再次发现数学（结果），在这发现过程中，学习者进行的活动就是运用数学手法和数学思维把亲历的经验叙述、整理和诠释，这种活动叫做"数学化"。"我以为这段话的关键词眼是"再次发现"，既云"再次"也就显示了教学是一种"导引学习"。学生在教师的导引下探索前行，可不是没有目标的随意漫游。整个教学过程是需要精心策划，仔细布置的。不过，犹如一位好的导游一样，教师本人必须灵活面对各种突如其来的问题，虽然那是不可预知，教师却要有所准备。因此，教师对课题的了解必须比较表面知识还要多一点点。维特曼提出"内容丰富的学习情境"（substantial learning environment）这个概念，他说："它（内容丰富的学习情境）涉及超越了当下课程范围的重要数学内容、方法和程序，而且是数学活动的一个丰富泉源。"要成功营造一个内容丰富的学习情境,教师要懂的不能局限于正在教授的那一级的课本范围。有句流行的话,要给学生一杯水,教师本人必须有一桶水,说的也是这个道理。

理论部分就说这么多,有兴趣的读者可以参考前述三位数学教育名家的书本和文章。另外还有一篇舒曼(Lee S. Shulman)的文章提出"学科知识"(subject matter knowledge)和"学科教学知识"(pedagogical content knowledge)的概念,加以论述,与前述三位的论点相辅相成。(请参考:(1) H. Freudenthal, *Mathematics As an Educational Task*, 1973;(2) H. Freudenthal, *Revisiting Mathematics Education*, 1991;(3) G. Pólya, *Mathematical Discovery*, Volume 1 and 2, 1965;(4) E. Ch. Wittmann, Mathematical education as a 'design science', *Educational Studies in Mathematics*, 1995,29(4):87-106;(5) E. Ch. Wittmann, Developing mathematics education in a systemic process, *Educational Studies in Mathematics*, 2001, 48(1):1-20;(6) L. S. Shulman, Those who understand: Knowledge growth in teaching, *Educational Researcher*, 1986, 15(2): 4-14)

我以前曾经提出了"学养教师"(scholar teacher)的想法。笼统而言,这种教师勇于迎接时代挑战,无论对数学、教育及学生性向均能掌握,本身亦须为思索者、研究者与课程设计者。在学科而言，"单单数学本科的专门知识并非是主要目的，更要注重的是课题与课题之间的关联，高等数学与初等数学的"界面"，还有那种尖锐且独立的评审眼光，以求体味数学的力量和优美，同时也体味数学的不足和局限。"（可参看：F. K. Siu，M. K. Siu，N. Y. Wong，Changing times in mathematics education：The need of a scholar teacher，in *Proceedings of the International Symposium on Curriculum Changes for Chinese Communities in Southeast Asia：Challenges of the 21stCentury*，ed. C. C. Lam，H. W. Wong，Y. W. Fung，1993，223-226.）

　　由此可见，教师必须增强自信心，不单是对掌握"学科知识"的自信心，也包括勇于承认自己不懂的自信心，不过却必须同时晓得如何去思考、探索、寻找数据，以补不足。教师必须培养好奇心，乐于学习，惯于反思。唯其如此，教师方能以身作则，使学生对学习数学持正面态度。要成为一位"学养教师"应该有"处处留心皆学问"的情怀，例如开首提到的"黑色星期五"问题，就在身旁顺手拈来，却大有发挥之余地。数学教师需要怀着专心和诚意进行数学研究。但这种数学研究与一位数学工作者通常进行的研究虽然精神相同，内容和性质都有别。因为教师必须运用学生懂得的语言去解释，也要照顾到学生的学业程度和知识背景。简化而言，两者主要相异之处如表1所示。

表 1   数学工作者和中小学教师的相异之处

数学工作者	中小学数学教师
问题处于学术领域的前沿。	问题源自教学上的需要。
在文献上通常找不到答案。	在文献上可能找到也可能找不到答案。
尽量把问题表述成一般形式。	往往只着意讨论问题的特殊情况。
尽量寻找一般的解答。	有时对寻找具体的解答更感兴趣。
设法运用任何数学知识、方法和技巧。	只能运用某些范围内的数学知识、方法和技巧。
优美解答是追求的准则。	优美解答不一定是追求的准则,有时貌似"朴拙"的解答反而更派用场。

以下看看两个例子,第一个非常古老,却有极深刻的数学内容,第二个在日常小学课堂里会出现,浅易得多。

(1)有一块古代巴比伦的泥板,现存哥伦比亚大学(Columbia University)博物馆,编号叫做"普林顿 322"(Plimpton 322),是公元前 18 世纪的文物。泥板上面刻上几行数字,骤看去数字杂乱无章,初时博物馆目录上只把它列为"商业账目"。在 1945 年有两位数学史专家——诺伊格鲍尔(Otto Neugebauer)和萨克斯(Abraham Sachs)——细心研究这块泥板,发现这堆看似杂乱无章的数字竟然是一个所谓"毕氏三元数组"(Pythagorean triplet)的表,即是一系列的三元整数组 (B,C,D) 满足 $C^2 - B^2 = D^2$。泥板上见到的数字是 B 和 C,但由此可推算 D。换句话说,B,C,D 是一个边长是整数的直角三角形的三边,其中 C 是斜边。有些数学家甚至认为"普林顿 322"根本就是一个三角函数表！近年有位数学史家罗逊(Eleanor Robson)提出另外的看法，对我们这个讲演很富启发。她认为研究数学史不能单从数学内容的角度入手，必须全面研究，文化角度、语言学角度、考古学角度、社会背景角度都要考虑。因此，经过多重考虑，她认为"普林顿322"有其教育意味，它是用来设计习作和学习情境以培育文书见习生，好便将来担当文书和计算的工作。（E. Robson, Neither Sherlock Holmes nor Babylon：A Reassessment of Plimpton 322, *Historia Mathematica*，2001（28）:167-206；Words and pictures：New light on Plimpton 322, *American Mathematical Monthly*，2002（109）:105-120）

显然，为了制作这块泥板，古代巴比伦人倾注不少研究心血于其中，叫人惊叹。过了四千年后，我们无从知道当时的巴比伦人如何构作那些"毕氏三元数组"。如果他们的目的真是为了储备习题数据的话，那便可能是历史上最早为拟题而作的数学研究了！

（2）有些小学生对循环小数的个中道理没吃透，认识不清，以为把分数展开成小数表示时，小数开始重复便是循环小数。譬如说，把 $\frac{124}{1\,111}$ 展开时，得到 $0.111\cdots$，有些小学生便以为 $\frac{124}{1\,111}=0.\dot{1}$。其实，正确答案是 $\frac{124}{1\,111}=$

$0.\dot{1}11\dot{6}$，因为以 1 111 除 124，至小数点第四个位余数 (124)才头一次重复。

为了让学生明白他们的误解，教师需要给一些类似 $\dfrac{124}{1\,111}$ 的例子，即是一些外貌不是太繁复的分数，展开成小数时，小数重复了好一会儿才再起变化。一个重复更多位小数的例子是 $\dfrac{20\,576}{37\,037} = 0.\dot{5}5555\dot{2}$。

如何构作这类例子？只要稍作计算，不难得出答案。假设 $\dfrac{A}{B}$ 的小数表示是 $0.\dot{a}aa\dot{b} = 0.aaa\,baa\,aba\,aab\cdots$，即

$$\frac{A}{B} = \frac{a}{10} + \frac{a}{10^2} + \frac{a}{10^3} + \frac{b}{10^4} + \frac{a}{10^5} + \frac{a}{10^6} + \frac{a}{10^7} + \frac{b}{10^8} + \cdots \text{。}$$

稍作一点计算便得到 $\dfrac{A}{B} = \dfrac{1\,110a + b}{9\,999}$。由于 1 110 被 9 除余 3，我们只要使 $3a + b$ 是 9 的倍数便能把分数约简一点。设 $a = 1$ 和 $b = 6$，便得到 $\dfrac{124}{1\,111}$ 这个例子，同样的手法可以构作更多的例子。

有兴趣读到更多对数学教师有益的"数学研究"个案，你不妨参考以下的文章：萧文强，回到未来——从大学讲堂回到中小学课室，*Journal of Basic Education*，2007，16(1)：97-114。

五

剩下要谈的是"大意",我指的自然不是粗心大意的"大意",而是全局大意的"大意"。英文中有个词"bird´s-eye view(鸟瞰)"更形象地道出这个意思。讲演时间所限,我只举一个例子,那是源于一位小学教师向我的一项提问。问题是:"以 $\frac{1}{4}$ 除 $2\frac{5}{12}$,商(quotient)是多少?"那位教师的困惑在于如何处理收回来的考卷中两种不同的答案,有些学生说是(a) $9\frac{2}{3}$,却有些学生说是(b)9(余数是 $\frac{1}{6}$)。(a)和(b)中那一个是正确的答案呢?

我一向认为,要好好回答一个数学上的提问,单单"是"或"否"不只未足够,甚至有危险。法庭上能言善辩的律师喜欢咄咄逼人地说:"你只用回答是或否。"在这儿我可不能这样回答,必须多费一点唇舌,既讲"大意"也讲细节。只满足于"是"或"否",容易掉进兰佩尔(Magdalene Lampert)描述的"陷阱":"这种文化习惯是由学校经验养成。做数学等同按照教师订下的规则逐步去做;认识数学等同硬背规则,碰到教师出题时便依样画葫芦;至于数学上的对错等同教师颁布答案是对是错。"(M. Lampert,When the problem is not the question and the solution is not the answer:

Mathematical knowing and teaching, *American Educational Research Journal*, 1990(27):29-63)

　　先从基本概念起讲,小学生也知道有加法和乘法,我们对它是如此熟悉,初学时年纪又小,早已忘记当时是怎样学懂的。但从认知角度看,加法和乘法的学习过程是有分别的,很多年前著名的瑞士教育家皮亚杰(Jean Piaget)已经对此有深入的阐述。(有兴趣的朋友,可以参考:Terenzinha Nunes, Peter Bryant, *Children Doing Mathematics*, 1996,第七章和第八章)再者,从数学角度看,加法和乘法也是独立的,虽然在正整数的场合,乘法得到的结果可以从累加得到,例如 3×5 等于 $3+3+3+3+3$ 或者 $5+5+5$。如果习惯了把乘法看成由加法而来,便无从理解 $\sqrt{2} \times \sqrt{3}$ 是什么(何谓把 $\sqrt{2}$ 累加 $\sqrt{3}$ 次?)更难理解 $\sqrt{2} \times \pi$ 是什么意思了。

　　在小学中学我们只是生活在三两个数系里,就是整数系、有理数系和实数系——顶多再加一个复数系。固然,当时我们多从直观方面与这些数系打交道,有理数看成是分数,实数看成是无穷小数或者几何线段的长度,等等。正式去了解这些数系,是后来学习高等数学的事。更一般地,任何一个抽象代数的入门课程都会讨论何谓环(ring)? 何谓整环(integral domain)? 何谓域(field)? 一个环是装备了两种运算(叫做加法和乘法)的集合,两种运算需要满足某些条件。整数系便是最常见的环,它的乘法是可交换的, $a \times b = b \times a$,所以叫做交换环。它还有一个特别的性质,即是具有单元及非零元相乘必为非零元。满足这种性质的交换环叫做整环。在整环里却不一定可以进行除法,就是乘法的逆运算:给定环中一个元 a 和一个非零元 b ,是否必有元 c 使 $b \times c = a$ 呢? 有的话我们便可以进行除法,把 c 写成 a/b(以 b 除 a)。一般而言,若 a 和 b 是整环 R 的两个元, $a+b$ 和 $a \times b$ 仍然是 R 内的元,但 a/b 却不一定有意义(若有元 c 使 $b \times c = a$,我们便说 b 整除 a)。有理数组成的集 Q 也是一个整环,并且可以进行除法,若 a 和 b 是 Q 内的元,且 b 是非零元,则 a/b 也是 Q 内的元。能进行除法的整环便叫做域,有理数系、实数系和复数系都是域。

美国著名数学家麦克莱恩(Saunders MacLane) 如此描述何谓抽象代数:"……研究一般数学对象之间的代数运算,旨在获得有足够深度的定理和结果,以便知道原先那些特殊数学对象(抽象成为一般数学对象)的重要性质。"(S. MacLane, History of abstract algebra:Origin, rise and decline of a movement, *Texas Tech. Univ. Math, Series*, 1981 (13):3-35)道出了不少学生视作抽象无用的学问背后的意义。在一个环里,加法和乘法是两种截然不同的运算,把它们联系起来的就是分配律(distributive law),但一种运算不能由另一种产生出来。在某些整环里我们希望维持某种意义下的除法,就导致抽象代数讨论的一种数学结构,叫做欧氏整环(Euclidean domain)。

撇开技术细节,欧氏整环的中心思想是某种除法,却以乘法的形式来表示,即是对任意元 a 和 b ,其中 b 是非零元,必有元 q,r 使 $a=b\times q+r$,这儿的 r 或者是零元或者是"小于 b"的元。我们把这种运算叫做欧氏算法(Euclidean algorithm)。譬如整数系里我们用数的绝对值去比较大小,它便构成一个欧氏整环,它反映了小学时代我们学过的"带余除法"。就是说,对任意正整数 a 和 b ,必有最大的整数 q 使 a 仍然不小于 $b\times q$,因此 $a=b\times q+r$, r 或是零或是小于 a 的正整数。我们把 b 叫做商, r 叫做余数。"黑色星期五"问题便需要运用"带余除法"了。以几何观点看,事情来得更清晰,我们用长为 b 的线段去丈量长为 a 的线段,看看余下多少。同样地,即使长度是无理数,我们也可以依样画葫芦,找出最大的整数 q ,使 a 不少于 $b\times q$ 。就像前面的问题, $a=2\frac{5}{12}$, $b=\frac{1}{4}$,有 $a=b\times 9+\frac{1}{6}$,商是 9 而余数是 $\frac{1}{6}$,即是答案(b)。有人会说,但 $a/b=9\frac{2}{3}$,那才是商呀,即是答案(a)。

其实,在高等数学,欧氏算法意义底下的商较有意思。在域里谈欧氏算法,本来意思不大,因为对域里的任意元 a 和任意非零元 b , a/b 也是域里的元,所以 $a=b\times(a/b)+$

0，即是可以安排余数为零！不过在小学数学中，分数的"带余除法"还是有意思的，在某些场合有需要如此看待事物，例如从长 $2\frac{5}{12}$ 米的丝带中截取长 $\frac{1}{4}$ 米的丝带，可以得多少段？余下的丝带有多长？这种丈量的几何描述形式，在古代希腊的《原本》(*Elements*)和古代中国的《九章算术》都有记载。东西方都互相独立地发现了这个可以说是世界上最古老也是最重要的算法，在西方叫做"欧氏算法"，在东方叫做"更相减损法"。

回到本节开首的问题，我的建议是不要把焦点放在"商"这个名词，更重要者是测试学生是否懂得某些运算。如果你真的想知道学生懂不懂 $2\frac{5}{12}\div\frac{1}{4}$ 是什么分数，直问就是了。如果你想知道学生懂不懂运用"带余除法"去计算 $2\frac{5}{12}\div\frac{1}{4}$，可以直接这样问，或者把问题装扮成某种场景让学生自行运用"带余除法"。用了"商"这个名词可能引起混淆，尤其在课堂上很可能两种意义的商（欧氏算法的商和域的除法的商）都在不同场合曾经出现过！

早在一个世纪之前，数学家克莱因（Felix Klein）说过一段语重心长的话："大学新生入学一开始就发现他面对的（数学）问题好像跟中学里学过的东西一点也没有联系，自然他很快便完全忘记了中学里学过的东西。毕业后他当上了教师，突然发觉自己被要求依循老套的方法讲授传统的初等数学。由于缺乏别人的指导,他难以辨明当前的数学内容和他曾学到的高等数学有什么联系,于是他很快便接受了这套由来已久的教学方式。他的大学教育顶多成为一种愉快回忆,但对他的教学毫无影响。"(F. Klein, *Elementary Mathematics from an Advanced Standpoint*, Vol. I, 1908;1924 年的第三版有英译本。)

　　对于这个"双重不连续(double discontinuity)"现象波利亚在一篇文章里复述一位数学教师的妙语:"数学系给我们又厚又韧的牛排,嚼它不动;教育学院给我们淡而无味的清汤,里面一丁点儿肉也没有。"(G. Pólya, Ten Commandments for teachers, *J. Educ. Fac. & College of Univ. British Columbia*. 1959(3):61-69)数学教师需要的是味道鲜美、营养丰富的浓郁肉汤!(图 3)。

" The mathematics department offers us tough steak which we cannot chew and the school of education vapid soup with no meat in it!"

(from a teacher, quoted in George Pólya, Teh Commandments for teachers, *J. Educ. Fac. & College of Univ. British Columbia*, 3 (1959), 61-69).

图 3

让我以下面一帧漫画(图4)说明中小学课室与大学讲堂的关系。一座四层建筑物的楼下是幼儿园,一楼是小学,二楼是中学,顶楼是大学。对一位在下面三层任教师的人来说,顶楼是提供"学科知识"的地方。理想的情况是它也提供个人学养成长的营养料,让教师能在各楼层之间上落自如,就像设置了一部连结各楼层的升降机。经常进行数学研究就像把升降机好好保养,以求更佳达致其上落自如的功能。经常进行数学研究,教师才能更成功设计课程及教学方案,更深入理解要教授的数学内容,更有信心面对学生可能提出的疑问,更容易提高学生的兴趣,甚至使一些学生与数学擦出火花!

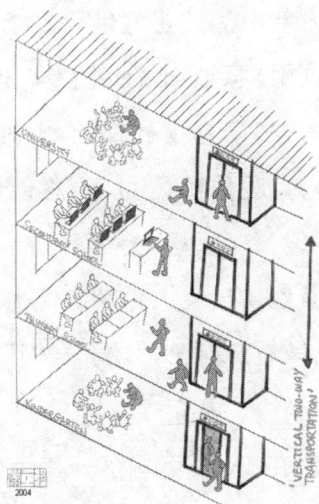

图4

六

数学教育有狭义和广义两方面:前者指传授数学知识,后者较难界定,我喜欢把它说成是数学观的体现。不同时代不同地区的数学课程纲要,就内容细节和措词字眼而言或不尽同,但笼统扼要地说,其目的可归纳为三方面:(甲)思维训练;(乙)实用知识;(丙)文化素养。多年前我读了王梓坤教授写的好书《科学发现纵横谈》(1978 年)后得到启发,在一次给教育学院师生的讲座中谈到数学上的"才、学、识"。这个提法源于清代文学家袁枚的话:"学如弓弩,才如箭镞,识以领之,方能中鹄。"正好借用以概括上面提到的三项数学教育目的:(甲)思维训练;(乙)实用知识;(丙)文化素养。于数学而言,"才"是指计算能力、推理能力、分析和综合能力、洞察力、直观思维能力、独立创作力,等等;"学"是指各种公式、定理、算法、理论,等等;"识"是指分析鉴别知识再经融会贯通后获致个人见解的能力。单是"学"的传授,仅是狭义的数学教育而已,"才、学、识"三者兼顾才是广义的数学教育。

南宋诗人陆游在 1208 年写了一首诗("示子遹"):"我初学诗日,但欲工藻绘;中年始少悟,渐若窥宏大。…… 汝果欲学诗,工夫在诗外。"陆游的"工夫在诗外"包含了四点:

(1)不要只顾专注文采工夫，单求诗文华茂；(2)更要注意思想境界，诗文才有内涵；(3)也要丰富生活阅历，诗文才有活力；(4)还要注意品德修养，诗文才有风骨。不妨借用陆游的诗句改成"汝果欲学数，工夫在数外。"这亦包含了四点：(1)不要只顾专注数学形式工夫；(2)更要注意数学思想方法；(3)也要丰富数学生活阅历；(4)还要注意数学工夫的品德修养。

数学生活阅历是指什么呢？我以为可以分为三方面：纵是追溯数学概念和理论的来龙去脉，横是探讨数学文化的本质和意义，广是认识数学的应用及经常联系数学与日常生活碰见的现象。

数学工夫的品德修养又指什么呢？明代徐光启在1607年写了《〈几何原本〉杂议》，当中有言："下学工夫有理有事；此书为益，能令学理者祛其浮气，练其精心，学事者资其定法，发其巧思，故举世无一人不当学。"又说："此书有五不可学：燥心人不可学，粗心人不可学，满心人不可学，妒心人不可学，傲心人不可学。故学此者，不止增才，亦德基也。"并不是说读了几何即成为圣人（数学家群中也有德行不是那么完美的人），但正如徐光启所言，数学对人的品格培育和处事态度，有一种潜移默化作用。如果学校只把数学看作一种实用工具的话，就连这一点作用也抹掉了。

刚于数年前逝世的俄罗斯数学教育家沙雷金(Igor Fe-

dorovich Sharygin)对几何情有独钟,并且说过:"几何乃人
类文化重要的一环。……几何,还有更广泛的数学,对儿童
的品德培育很有益处。……几何培养数学直觉,引领学生
进行独立原创思维,……几何是从初等数学迈向高等数学
的最佳途径。"

　　他还说:"学习数学能够树立我们的德行,提升我们的
正义感和尊严,增强我们天生的正直和原则。数学境界内
的生活理念,乃基于证明,而这是最崇高的一种道德概念。"
今天,有多少数学教师仍然怀着这种信念在课堂上授课呢?
这使我想起历史学者巴森(Jacques Barzun)说过一句话:
"教学不是逝去了的艺术,然而对它的尊重却是逝去了的传
统。"(见诸 *Newsweek*,1955-12-5)希望越来越多"三心两
意"的数学教师,把这份传统维持下去!

数学发展史给我们的启发[①]

一、引言：学习一点数学发展史有什么好处

数学这门学科，少说也有四五千年的历史，要是连雏形的上古时期数学也算在内，就更有一万多年了。要有系统地把从古至今的数学发展作一个全面介绍，既非篇幅所容许，亦非笔者能力所能胜任。在这里希望做到的，只是抽取其中一些例子，以说明数学发展史给予我们的启发。这些只可以说是个人的一点体会，也很可能是人云亦云，最希望

①　本文原刊于《抖擞》双月刊第 17 期(1976 年 9 月，46-53 页)，是我谈论数学史结合数学教学的第一篇中文文章。文章的组织有点散漫，30 多年后重读此文，对当年自己的一些论点，虽然看法不尽相同，但基调没有改变。30 多年前写作此文的时候，有"孤军作战"之叹，值得高兴的，是后来结识到本地或外地不少好此道者，共同研讨，一起工作，颇感鼓舞。

的是能够借此引起更深入的讨论。

　　首先不妨先谈谈,为什么学习一点数学发展史有助于学习数学? 这个问题与"为什么要学习历史"是分不开的,数学毕竟也是人类文化的一部分。但除此之外,数学具有它的特殊性质使得学习它的发展史更饶有意义。数学是一门累积起来的学科,它的过去将永远融会于它的现在以至未来当中,只不过因时而异用上不同的语言或者不同的架构,又或者从个别特殊情形归结到更一般的理论上。所以,数学发展是一脉相承,无分古今。有些人喜欢把数学分成"新数"、"旧数"、"摩登数"、"传统数",那不单是牵强的划分,甚至有不良影响。若硬要划分,不如就分为"好的数学"与"不好的数学",前者将流传下去,而后者将随时光流徙而被遗忘。

　　在动物学上有句话,说"胚胎发育是种系发生的重演",意思是说一种生物的个体发育过程,在某个程度上反映了它们祖先的进化历史。比方青蛙是由某种鱼类进化而来,所以它们把卵产在水中,孵出的幼体也在水中生活,而成体均在陆地生活,但由于陆地生活的适应还不十分完善,所以生活在潮湿近水的地方。这句话用于数学上也很有意思,我们在学习数学的过程当中,或多或少地反映了我们祖先摸索探讨的过程。法国数学家 Henri Poincaré 甚至这样说过:"动物学家认为,动物胚胎的发育还在短暂的期间内,经过其祖先演化过程的一切地质世,而重演其历史。看来,思维的发展亦复如此。教育工作者的任务,就是要使儿童思想的发展,踏过前人的足迹,迅速地走过某些阶段,但毫不遗漏。科学史应当是这项工作的指南。"

二、数学是怎样产生的

数学发展史与历史既是分不开,两者之间便有一定的关联,互相影响。关于这方面的探讨,将会是一件有意思、有趣味的工作,但同时要求辛勤的劳动,更要求对数学、对历史有深切的认识。这显然不是一个人可以担当得来的工作,在这里只好从略。不过有一个基本问题不能不提,那就是"数学是怎样产生的?"

数与形的概念,在人类最初的思维中不容易形成,必须经过悠久递变才逐渐形成。数的感觉萌芽于觉察多寡的能力,初民对于数的多寡的认识由模糊而渐加以充实,终于形成一个整齐的概念,这大概是数学史上最早的"抽象化"例子! 人们日常生活中须要计数的地方逐渐增多,用手指计算已感不足,就想到用别种东西来代替,于是有结绳、堆石,或者在木头上、在骨头上刻纹,这与我们今天常提到的"一一对应"概念实在没有两样! 对形的认识亦复如是,譬如走直线是最短的路程这回事,不少动物都本能地知道,要把土地围起来,便有简单几何图形的概念,看见日月便有圆的概念,看见树木便有垂直的概念,但灵活地运用这些知识作计算,要等到距今约一万年前的新石器时代。由旧石器时代踏入新石器时代,人类与自然的关系由被动趋于主动,开始建造比较坚固的房子定居,由渔猎转为从事耕作畜牧,制造各种器皿,改良了交通工具,开展了雏形的经济交换,改进了语言的沟通。于是,为了测量土地,计算仓窖容量,摸索天体循环与寒暑交替规律,制作天文历法,分配生产品,建造房屋等等,人民对数学的认识逐步加深,数学便由此发展起来。综观古代文明的数学,莫不与生产实践有关。具代表性的史料,在古埃及有 *Rhind Papyrus* 和 *Moscow Papyrus*,在古巴比伦有数以百计的刻有楔形文字的泥板,在中国有《周髀算经》与《九章算术》。因篇幅所限,没有办法逐一作详细介绍了,但不妨举一个有趣的例子,以说明古代人民碰到的困难和他们的智慧。因为我们有十个指头,所以自然地用了"十"做记数法的基础,很多不同的民族都不约而同采用了十进制。我们今天习用的地位制记数法是经过一段漫长的日子才逐渐形成。我们对它是太熟悉了,未必欣赏到它的重要和它带给计算上的方便。未有地位制之前,很多民族都采用组合制记数法,古埃及人就以不同的符号代表不同的数目(图 1),可以想象,用这种记数法去做加数还可以,用来做乘数却又困难又麻烦了。古埃及的人民

❘代表一 ∩代表十 ໑代表百 ໒代表千 于是3526便记作

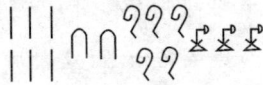

❘❘❘ ∩∩ ໑໑໑ ໒໒໒
❘❘❘ ∩∩ ໑໑

图1　古埃及人的记数法

想出一个聪明的办法,以加法(及两倍法)完全替代了乘法。用今天的语言来说明,大概是这样子:譬如问 5×36 是多少,他们便写下两行,每一行的数值是上一行的两倍,

　　* 1　　　36

　　　2　　　72

　　* 4　　　144,

把有星号的数项相加,便得出答案 180(因为 $1 + 4 = 5$)。为什么这个办法总是行得通呢? 如果仔细看清楚,它不外是利用了二进制的原理,无论什么正整数总可以唯一地表示为二的乘幂的和。用今天的二进制表示式写出来,道理就更清楚了(两倍法这个运算,用二进制表示,只不过是向左移一位,再在后面补个零。)譬如上面例子,5 是 101,36 是 100100,所以那两行是相当于

　　1　　　100100　　←

　　0　　　1001000　　　　　＋　＝　10110100

　　1　　　10010000　　←

转回到十进制,10110100 即是 180。我们在今天认为是最"时髦"的计算机计算,早在 5 000 年前便已经有了!

　　数学产生的主要原因是为了生产劳动，为了认识外部世界。这方面的例子多不胜数，其中较具代表性的是微积分的发展经过。与微积分有关的基本概念，例如无限小量、极限、求积等等，早在公元前 3 世纪便有被提及。在中国，公孙龙子早便提到"一尺之棰，日取其半，万世不竭。"在古希腊 Archimedes 运用"穷举法"计算了某些几何图形的面积。在中国魏晋时刘徽提出的"割圆术"，说到"割之弥细，所失弥少，割之又割，以至不可割，则与圆周合体而无所失矣。"到了南北朝，又有祖冲之、祖暅父子求圆周率的值，得出极富数学意义的 22/7 为"约率"，355/113 为"密率"。他们也利用一个异常巧妙的方法计算了球体的体积，他们应用的原理，在西方叫做 Cavalieri 原理，是意大利数学家 Bonaventura Cavalieri 在 1630 年左右发现的。

　　既然有了这样长久的历史，为什么要等到 17 世纪中叶而后才由 Isaac Newton 与 Gottfried Leibniz 总结前人的经验，有系统地开拓了微积分这个重要的数学分支呢？固然，其中一个主要原因是在 17 世纪初期 René Descartes 确立了变量这个重要概念，并且在他的著述《几何》里提出把代数与几何糅合在一起的新颖观点。（很多人以为这是近世解析几何的第一本书，那是不确切的。那时候坐标轴这个东西也没有出现，遑论各种曲线的方程了。只可以说它在精神上导致了解析几何的发展，反而在差不多同样时候，由另一位法国数学家 Pierre de Fermat 提出的轨迹理论，与我们今天在教科书上见到的解析几何是更为相似。)但为什么 17 世纪这段时期在数学史上是如此辉煌的一页呢？除了历史上，社会发展上和数学上有它一定的原因，有一个主要的因素便是实践上的需求。17 世纪欧洲的生产力有很大发展，大量的生产技术问题，如机械工业、航海、天文、建筑等，都对数学提出了很多新的要求。

同时，我们也可以看出，数学发展是集体智慧的结晶，并非一朝一夕间由某几个"天才"创造出来的。我们常会听到 Archimedes 赤条条由浴盆跳出来大嚷 Eureka，或者 Newton 坐在树下被苹果打痛了脑袋这一类的故事。这些只适宜用作茶余饭后的趣谈，却不适宜用作解释数学发展的经过。有些人喜欢把数学发展史看成是某几个人创造出来的历史，就好像没有了 Euclid 就不会有几何，没有了 Newton 和 Leibniz 就不会有微积分，没有了 Einstein 就不会有相对论。其实，在数学史上已经不只一次有过这样的例子，不同的人在差不多同样时期发现相同的理论，或者隔了几百年后有人独立地发现前人想过的理论。由此可见突破的成就有它一定的酝酿时期，某些突破成果的确是由个别数学家得出，但为什么他们会得出那些成果呢？若单以"他们是天才"去作解释，未免是片面地把事情简化了。Newton 自己也曾说过："倘若我比别人看得更远一些，那是我站在巨人肩膀之上。"

三、数学是怎样提升到抽象阶段？

数学既由实践而来，那为什么又会提升到抽象阶段呢？不如看一个例子，就是几何学的发展史。

上面已经说过，最早期的"本能的几何"只是人们对形象的直观认识，后来为了实际需求，便对几何图形有进一步的研究。几何的英文词 geometry 是由希腊文演变来的，由两个希腊词组成，geo 表示地，metron 表示量，合起来就是"量地学"。按古希腊历史学家 Herodotus 的话，在古埃及每当尼罗河泛滥后，人民便需要测量土地以重新估定赋税，几何学即由此发展起来。总括而言，那是感性认识，但如果要更加了解更加活用这些知识，就必须由感性认识跳跃到理性认识了，在数学史上这是漫长的一页。古文明的数学只着重问："怎样做？"到了公元前 6 世纪的希腊数学，才开始着重问："为什么这样做是对的？"

最早带有逻辑意味的几何结果见诸 Thales 的著述，比如他指出直径对应的圆周角是个直角，等腰三角形的底角相等之类。后来又经过 Pythagoras 等人的研究，累积了更多的几何知识。（应该在这儿顺带一提的，是历史上未必真的有过 Thales 或者 Pythagoras，与其说有过这样的一个人提出这样的理论,不如说有过这样的一班人提出这样的理论。公元前 6 世纪的史料记载,因年代久远未必是尽可信的。)这些前人果实,终于融会于公元前 3 世纪 Euclid 的著述《原本》里。这本书的内容很多都是已知的结果,Euclid是把它们整理成为一套有系统的理论,有条理地把它们阐述。但这本书在数学史上起的作用,远远超乎这一单方面,更重要的是它显示了数学上所谓"演绎"这个精神。Euclid由一些基本定义与 10 条公理出发,推论出 465 条定理来。有人喜欢把《原本》看成是开近世数学公理化的先河,其实若以今天尺度去量,Euclid 的公理系统是存在着不少漏洞的,在他的证明当中,往往用了额外的假设而不自知。然而这无损于《原本》的重要,最低限度这说明了一件事:有些人喜欢常挂在嘴边的"严谨性"并非是一成不变的。今天的"严谨",明天也许被视为"欺骗"! 有位数学家(忘了是谁)说得好:"所谓'严谨',只是迄当天的程度为止。"

四、数学是否为"真理"?

几何学继续的发展,也是相当富启发性的。

从很早的时候起,不少人对《原本》里面的一条公理便感觉到不舒服,那就是有名的"第五公理":若一直线与另两直线相交,而且与它们在一边所成的内角和小于两个直角,则当那两条直线作无限延长时，必在线的那边相交（图1）。
人们对它感到不舒服，并非是不相信它的"真实 性"（请记
得当时的几何仍然以直观认识为主），而是觉得它比其他公
理赘繁得多，看似是条定理多于
公理，尤其是它的逆命题根本就
是《原本》卷一的第 17 条定理：
三角形任意两内角和必小于两
个直角。说来有趣，头一个对这
个公理感到不满意的很可能就
是 Euclid 本人！他企图尽可能

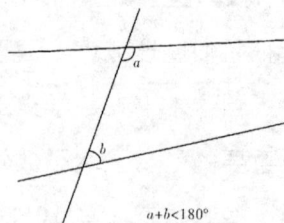

$a+b<180°$

图1

拖延这个公理的出现，直到要证明第 29 条定理，即是平行
线内错角相等，才第一次不得不用到它。自此以后的 2 000
年当中，不少人埋首于这个问题，或者尝试由其他公理推出
"第五公理"，或者尝试提出另一个更显浅的公理去替代它。
然而他们的努力都失败了，若非证明中不自觉地用了与"第
五公理"有关的结果，便是提出的公理与"第五公理"是逻辑
等价的。这一连串的失败为后来的成功铺路，其中最有意
思的是意大利数学家 Girolamo Saccheri 的尝试。在 1730
年左右他写了一本书，叫做《除去 Euclid 的瑕疵》，在里面
提出这样的想法。考虑如图 2 所示的四边形 $ABCD$，其中
$\angle A$ 和 $\angle B$ 都是直角，而且 $AD = BC$。不难证明 $\angle C =$
$\angle D$（不需要用到"第五公理"），因此有三个可能：

（1）$\angle C = \angle D$ 小于一个
直角；

（2）$\angle C = \angle D$ 等于一个
直角；

（3）$\angle C = \angle D$ 大于一个
直角。

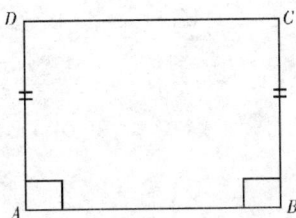

图 2

由（2）可以推出"第五公理"的，所以 Saccheri 便设法
证明（1）、（3）不可能成立。利用欧氏几何的其他公理，他有
办法排除了（3）的可能，但就是找不到可以否定（1）的理由。
可惜他太热衷于除去 Euclid 的"瑕疵"，否则非欧几何学那
时便诞生，不必再多等 100 年了！结果他用模模糊糊的论
据否定了（1），自以为证明了"第五公理"。

事实上，"第五公理"是逻辑独立于其他公理之外，意思
是说，即使把它换成自身的否定，也一点不影响整个公理系
统的无矛盾性。要说得明白点，不如转看一条与"第五公
理"是逻辑等价的 Playfair 公理：通过一条直线外的一点，
最多只有一条直线与那条线是平行的。（由欧氏几何其他
公理，可以推出必定有这样的一条平行线，基本上那就是卷
一第 27 条定理的内容：若一直线与另两线相交而所成的内
错角相等，则那两条线是平行的。）在 19 世纪之前，很少有
人想过是否有可能存在着多于一条这样的平行线。到了
1830 年左右，匈牙利数学家 János Bolyai 把"第五公理"换

成它自身的否定,假设通过一点有至少两条这样的平行线,由此建立起另一套完整无矛盾的几何学来。差不多同样时期,俄国数学家 Nicolai Lobachevski 也发表了相似的理论,这就是数学史上第一个非欧几何学的例子了。固然,在这套几何学里,有不少结果是令人难以置信的,因为与直观太不符了。譬如说三角形内角和必小于两个直角,而且当三角形面积越大时,内角和便越小,但三角形的面积却又不能任意大,而且相似的三角形必全等!

为了说明欧氏几何与非欧几何的关系,不妨打个譬喻。有座房子由五根支柱撑着,把其中一根支柱抽掉,当然有一部分建筑要倒下来,但不一定整座房子便塌了。如今换上另一根支柱,只要跟剩下来那部分建筑没有抵触的话,我们仍旧可以在上面建起另一座房子。新的房子包括了旧的一部分,但也多了与以前不同的一部分。

这个发展的经过说明了什么呢?非欧几何的发现有什么价值呢?从应用上来说,非欧几何亦非仅只"智力游戏"而已。例如在 1950 年有位美国物理学家 R. K. Luneberg 提出双目性视觉中的空间如果用 Bolyai-Lobachevski 那套几何去解释,将更贴切。又例如德国数学家 Bernhard Riemann 在 1854 年提出另一套非欧几何学,为 Albert Einstein 的广义相对论的时空概念提供了基础观点。不过,在当时 19 世纪中叶,非欧几何的发现具有更重大的意义,它揭示了数学的一个本质，即是"数学非真理"。18世纪德国哲学家Kant认为欧几里得空间这个概念存在于我们意识之中，也只有这种几何才是"真"的几何。事实上，无所谓"真"或"不真"的几何，只有"适合"或"不适合"的几何。数学并非要求"真"，它只能指出在什么假设底下可以得出什么结论。至于要考虑什么样的假设，那才是关键，是与实践需求及外部世界经验分割不开的。或者可以这样说，数学发展通常由"归纳"出发，然后才转为"演绎"，而在这段过程中，两者相辅相成。

非欧几何学的发现，也说明了"破除迷信"的重要。在Bolyai和Lobachevski之前，人们过分信服权威，依循传统，不敢闯新路，Girolamo Saccheri的故事就是一个教训。其实，早在1794年左右Carl Friedrich Gauss已经有了非欧几何学的拟想，还在这方面取得了不少结果。很可惜Gauss虽然具备学术上的勇气去辟出这条新路，他却缺乏精神上的勇气去面对这发现引起的争论甚至嘲笑。所以他从不把这些结果发表，直到Bolyai的父亲把儿子的成绩告诉他的时候，他才在信上提及这一回事。Gauss可算是近代最出色的数学家之一，尚且如此，可见当时欧氏几何的传统思想是如何牢固地统治着数学界了。要从传统思想中解放出来，是多么困难的一回事。

五、数学发展史对数学有什么启发？

数学既由生产实践而来，那么在教学当中我们是否有责任多留心实际的例子，好叫学生也能体会到这一点呢？举一个简单的例子，三角形全等的三边定理，解释了三角形的稳定性，所以很多支架都采用三角形结构就是这个缘故。再举另一个简单的例子，对应于直角圆周角的弦是直径这个定理，解释了如何用曲尺去求圆心。又例如讲到不等式或者图解法时，可以适当地插入一些简单的线性规划问题。在高等数学里有更多应用的例子，且不限于理工方面，要是备课时留心一下，是可以找到的。

数学的发展，尤其在近世应用这方面，都着眼于怎样建立一个数学模型。所谓模型，就是把实际问题翻译成数学语言，而且在这个过程当中，把实际情形"理想化"了，以便易于用适当的数学方法处理分析。固然，这样得出来的只是一个粗略近似的答案，还需要逐步改善模型，由简至繁，一步步接近实际情形。模型越是复杂，数学上的困难也就越大，新的数学方法，新的数学理论也由此而生。这种思想的最朴素形式，在"点"与"线"的概念中已经可以见到，到了用微分方程去解决力学问题的时候就显得更清楚了。近世数学的应用已不限于理工科方面，生物、医学甚至社会科学都用上了数学。应该强调一点,建立模型只能求出近似答案,没有求出与实际情形丝毫不差的精确答案。可惜在教学当中(特别是在中学数学教学当中),少有强调这一点,少有顾及如近似值计算、误差估计、概率、统计可靠程度这一类的课题。不妨引用 Einstein 一句饶有意思的话:"就数学定理之涉及实在来说,它们并无可靠性、必然性,就其可靠性与必然性来说,它们并不涉及实在。"

数学虽然是一门逻辑性极强的学科,但从数学发展史看得出,单是逻辑不能导致新的发展,所谓"严谨"只不过是事后工夫。举一个例子,数学分析经过两个世纪的蓬勃发展,才引出 19 世纪 Augustin-Louis Cauchy, Karl Weierstrass 等人的严谨理论。现代德国数学家 Hermann Weyl 便曾这样说过:"逻辑乃数学家为保持思想强健而遵守的卫生规则。"可见逻辑不能决定数学内容,反之数学内容决定它的逻辑结构。举一个很简单的例子,为什么分数相乘要定为 $\frac{a}{b} \times \frac{c}{d} = \frac{a \times c}{b \times d}$ 而分数相加却不定为 $\frac{a}{b} + \frac{c}{d} = \frac{a+c}{b+d}$ 呢? 又或者,为什么两个矩阵相乘要定义得这么古怪,要是逐项相乘岂非更干脆利落? 在教学方面,一开始便用公理出发,虽然收到整洁精简的效果,但同时也失掉启发动机,而且也歪曲了数学发展的本来面目。难怪不少学生以为数学只是一套"华而不实"的理论,而对数学根本兴趣不大的,更连"华"这一点也看不出了。我们应该考虑一下,在教学当中过分强调逻辑严谨性,片面地集中于"演绎"这方面而忽略了富启发性的"归纳"这一方面,对学生来说,是有益呢抑或是有害?

　　同时,在数学教学中容易给学生一个印象,做数学是小小心心逐步去做,每做一步都要细察是否符合逻辑要求。固然,小心是须要的,有些较微妙的地方一不细心易生严重错误,这情形尤以在高等数学为甚。但同时做数学也有它大胆的一面,很多时凭着直观经验臆测,有时更会暂时丢开逻辑放手去干,做完了才回头细察。在数学史上有不少这样的例子,尤以 18 世纪那时为甚,而那时又以 Leonhard Euler 为甚。当然他也犯过错误,例如没有小心运用二项式展开 $\dfrac{1}{1-x}=1+x+x^2+\cdots$ 而得出(当 $x=2$) $1+2+2^2+\cdots=-1$ 这种滑稽的结果。但同时他也运用大胆富想像力的假设得出像 $1+\dfrac{1}{2^2}+\dfrac{1}{3^2}+\cdots=\dfrac{\pi}{6}$ 这种后来证实了是正确的结果。又例如在微积分发展的初期,人们通常分不开连续性与可微性,然而他们还是得出了一大堆有用的结果。法国数学家 Émile Picard 甚至说:"假如 Newton 和 Leibniz 知道有些连续函数是没有导函数的话,也许便创造不出微积分!"在教学上是否应该想想,如何在不让过分严谨而扼杀学生想像力,以及不叫学生粗心大意而做出错误结果之中取得合理的平衡?

　　最后,回到"胚胎发育是种系发生的重演"这句话。有些概念是我们祖先摸索了好一段日子才掌握到的,有理由相信对初学者来说那会是个困难的课题。举一个例子,从希腊文化最盛期算起,经过差不多一千年才有比较明确的"负数"概念(在《九章算术》里便曾出现过),而再过一千年之后才广被接纳。可见"负数"这概念得来不易,要初学者凭空去掌握是很困难的。尤其如果硬要他们把"—2"看成是"2"的加法逆元,局面当更形混乱了!

数学・数学史・数学教师①

一、引 言

本文题目出现的三项事物,都包含"数学"这个词,它们之间显然有极密切的关系。但似乎在很多人的心目中,这三项事物却没有什么关联。为什么我会这样说呢?让我先解释一下。这里的"数学"指对数学的探讨,包括学习数学知识、了解数学新动态、讨论数学问题、以至进行数学研究;"数学史"指对数学发展的认识和学习;"数学教师"自然指课堂上的数学教学了。有些人自己对数学兴趣极浓,研究

---

① 这篇文章原来是在罗富国教育学院的讲演,文章刊于《抖擞》双月刊第 53 期,1983 年 7 月,67-72 页。虽然文章讨论数学史和数学教育,它也孕育了"学养教师"的意念,但要等到 1993 年才把这个意念以文字表达出来。

干得出色，但对教学却不热心，视做例行公事；对数学史更持轻蔑态度，认为它与研究无干，只是供数学功力不足的人拿来摆弄的玩意吧。有些人对教学负责，把自己要教的材料准备充足，课堂上应付裕如，但对提高自己的数学修养却不重视，认为既然自己只是教学而不是搞研究，何须提高；对数学史也不重视，认为那是"花絮"而不是"正道"的数学，在教学上不能派用场的。所以，对一部分人来说，"数学"、"数学史"、"数学教师"可没有什么关联。

　　一篇文章不能面面兼顾（本文原是在罗富国教育学院讲演的稿），为了避免引起误解，让我首先声明将不谈什么，但那不表示我认为那些不重要。我将不谈教学技巧，我只想提出一点：教师须要注意教学技巧，教学技巧是可以训练的，所以教师需要自觉地训练教学技巧，而且你一天任教师，你就得一天注意这回事。师范训练提供这方面的基本知识，大大地减轻了独自摸索的苦况，但日后在课堂上的体会也是很重要。我也认为，教学不单是技巧，更是艺术。要做一位好教师，除教学技巧外，还得注意两方面，一是个人修养，二是本科学识。前者层次较高，我也不谈了，只想引一段美国数学家 Edwin Moise 的话："教学这项活动，涉及一种意义十分不明确的人际关系。教师本人是一位表演者、讲解员、监工、领头人、裁判员、导师、权威人物、对话者和朋友。所有这些角色都不易担当，其中有不少还是互不协调的。因此,要成为一位老练成熟的教师,个人品格的细致成长是不可或缺的。"至于本科学识,大抵没有人怀疑其重要,我觉得奇怪的只是一点:没有人相信只修毕小学数学课程便可以教小学数学,也没有人相信只修毕大学数学课程便可以教大学数学。但为什么很多人却相信只修毕中学数学课程便可以教中学数学呢? 我提出这疑问,并非提议所有中学数学教师必须修毕大学数学课程。反之,那未必是合适的做法。但显然师范训练中不能忽视本科的进修,而且那不能仅仅是把该科的大学课程"平移"过来就算了,更需要有的而发的选材。这是个重要的问题,必须集思广益,全面探讨,我也不敢谈了。著名数学家教育家 George Pólya 在一篇文章里复述一位数学教师的妙语:"数学系给我们又厚又韧的牛排,嚼它不动;教育学院给我们淡而无味的清汤,里面一丁点肉也没有。"数学教师需要的是味道鲜美、营养丰富的浓郁肉汤!

　　我想在下文提出来跟大家讨论的,中心思想大概是这样子:我们已经肯定了教师学识的重要,但学识指什么? 我以为那应包括三方面,即是"才"、"学"和"识",三者互有关联,也互有区别,但相辅相成①。清代文学家袁枚说过:"学

---

　　① 多年前我读了王梓坤教授的书《科学发现纵横谈》(1978),深受启发,尤其是"才"、"学"、"识"三者相辅相成,形成了这篇讲演文稿的中心思想。

如弓弩,才如箭镞,识以领之,方能中鹄。"我们先讨论"才"、
"学"、"识"的关系,然后以此为着眼点,看看"数学"、"数学
史"、"数学教师"之间的密切关系。

二、数学的"才"、"学"、"识"

　　数学在一般人的心目中占什么地位呢?大家都不会否
认数学在科学研究、技术发展、社会科学、企业管理上的贡
献,矛盾却在于大家往往只见到这些成就而忘却了数学本
身,难怪有人称数学为"那看不见的文化"!而且大多数人
或者不了解数学是什么的一回事,或者只捕捉了片面零碎
印象便以偏概全。受过普通教育的人,即使不是艺术家也
知道有雕刻、绘画、……;即使不是音乐家也知道有歌曲、旋
律、……;即使不是文学家也知道有诗、小说、……;即使不
是科学家也知道有核能、蛋白质、微生物、行星、……。但有
多少人知道什么是函数、公理系统、可换群、流形、……?再
者,不少人虽然不高兴别人指出他对艺术、音乐、文学、科学
一无所知,却不介意别人说他对数学一窍不通,甚至认为不
懂数学乃理所当然,说时纵非喜形于色亦必心安理得!你
试向一位朋友说:"怎么你的英文这么差?"对方面红耳热地
苦笑承认,而你大有可能从此少了一位朋友!但换了是说:
"怎么你的数学这么差?"对方面呈得色地呵呵笑,边笑边

说："是呀,在学校里我一向最怕数学的,硬是弄它不通。"

　　为什么会这样子? 我认为这是我们这群数学教师的"群耻","群耻"一天不除,我们的工作一天没有做好。导致这现象的原因可能有好几个,我只提我想到的一个吧。数学有它悠久的历史,当近代物理、化学、生物犹处于发展的初期,数学已经背上了两千多年的辉煌成就,但中小学的数学课程却差不多只学到在这之前的数学! 即使在大学里,当其他学科正从 19 世纪以后的发展推向 20 世纪的新发现,大部分学生的数学知识却终结于 19 世纪初期! 于是,数学渐渐形成它特有的一套语言,使非数学工作者感到难于亲近。同时,数学是一门累积的知识,它的过去将永远融会于它的现在以至未来当中,加上它的确具有抽象思维的本质,要真正了解它掌握它需要付出一定的时间和努力,并非所有人愿意付出这样的时间和努力(也没有需要所有人成为数学家)。由此衍生一个教学上的现象,就是侧重了数学的技术性内容,把它作为一门工具学科来讲授。这样做,教师可以在规定的时间内传授一定分量的知识,也可以利用表面看来是清晰利落的手法迅速地教懂学生这套特别的语言。然而,这样做也掩盖了数学作为一门文化活动的面目,难怪很多认为自己将来无须使用数学的人觉得数学与己无干,也乐于表示自己跟枯燥的公式和刻板的计算打不上交道了。这使我想起刘徽《九章算术注》原序里的一段话:"虽曰九数其能穷纤入微,探测无方。至于以法相传,亦犹规矩度量,可得而共,非特难为也。当今好之者寡,故世虽多通才达学,而未必能综于此耳。"

所以,一个平衡健全的数学课程应该兼顾几方面,粗略地可分为三点:(1)思维训练;(2)实用知识;(3)文化修养。打开任何一份数学课程纲要,都可以在"教学目的"这一项底下找到这三点。当然,表达方式各有不同,所用字眼亦各有异,但基本精神是一样的。如果我们不拘小节,但求捕捉个中精神,一个更抽象更笼统的说法便是在上一节结尾时提到的"才"、"学"、"识"。(1)相应于"才";(2)相应于"学";(3)相应于"识"。

"才"指才能,于数学而言,就是计算、推理、分析、综合的能力,也是洞察力、直观思维能力、独立创作力。"学"指与专业有关的知识,都从前人继承而来,例如勾股定理、二次方程解公式、极限理论、积分计算,等等。"识"指对知识分析辨别、融会贯通、梳理出自己的观点和见解这种能力。才而不学,是谓小慧;有学无识,只是"活动书橱";不学则难以有识,即使有亦流于根底肤浅。所以,三者相辅相成。我们希望自己做到的,更希望我们的学生做到的,就是三者兼之。

三者之中,"才"是最不好讨论,因为虽然计算、推理、分析、综合的能力还算可以训练外(但也不易,而且结果难于测量），其余像洞察力、直观思维能力、独立创作力是可培养而非可训练的。不过，我愿意介绍一些适合中学数学教师阅读的参考材料：

G. Pólya，*How to Solve it*，2nd Edition，Princeton University Press，1957；

G. Pólya，On Learning，Teaching，and Learning Teaching，*Amer. Math. Monthly*，1963（70）：605-619；

D. Solow，*How to Read and Do Proofs*，Wiley，1981；

U. Leron，Structuring Mathematical Proofs，*Amer. Math. Monthly*，1983（90）：174-185。

　　我曾经在两次给中学生的讲演上强调人类思维能力的可贵，奉劝各位同学不要只满足于现成的解法，不要满足于一定的程序而不加深究、不愿自己动手干动脑想，以致变得思考迟钝、思路含糊。在这里，我想再强调这一点，"才"是需要磨炼的。

　　其次，"学"的讨论一定与教学法有关，我已经说过不谈的。但"学"联系着"识"却是下面要讨论的重点。为方便起见，不如合起来称为"学识"。数学的"学识"可作纵横看，纵方面就是追溯数学概念和理论的来龙去脉，横方面就是探讨数学的本质和意义。你或者问："这么大的题目,跟我的日常教学有关系吗？数学的本质和意义是哲学上的问题,我只想教数学吧,管它什么哲学观点？我只想教懂学生现代数学吧,溯本寻源有何用哉?"

我不否认数学的本质和意义是哲学上的问题,而且每人对这个问题有每人不同的见解和体会,我也不是要有一个人人一致的铁定答案。但我不同意为了上述原因我们便回避这个问题,我也不相信它对数学教师的工作没有影响,让我举一个例子说明忽视这问题可能带来的影响。各位对所谓"新数"、"旧数"之争必已耳熟能详(请参看以下一份很有分量的文章:梁鉴添,评论近二十年来中学数学课程改革,《抖擞》双月刊第38期,1980年5月,64-75页)。

很多时候我们听到类似这样的一些批评,它说"新数"的教材不适合中小学生程度,因为中小学生的认知能力尚未发展到可以接受如此形式化处理的阶段。虽然这是实情,但如果仅仅是这样,反对便显得乏力了,因为那就像说:"真正做数学的人是这样做的,可惜你们未达到那个程度,暂时只好改用你们可以接受的材料。"那岂非以"次货"代"真货"吗？而且,言下之意还有"对牛弹琴"之叹！不是的,我认为数学家根本不是那样做数学,所以"新数"的设想从根本即站不住脚。形成"新数"这种气候和局面,是很多人(包括设计课程的人、编写教材的人、教这些课程的人)对数学的本质和意义的信念的一种反映,这种信念是出于对"形式主义"的偏爱和误解。德国大数学家 David Hilbert 本世纪初提出"形式主义",视数学为没有意义的符号进行没有意义的纸上游戏,那纯粹是为了企图解决数学基础上的相容性难题。这个类似"釜底抽薪"的做法,是为了这个特定目标特意精心设计出来的,却不是说数学就是那样子的活动。Hilbert 本人的话,是最好的批注:"在我们的形式主义游戏中出现的公理和可证明的定理,乃是形成通常数学对象的那些概念的映象。"在他著名的《几何基础》卷首,他引用了 18 世纪德国哲学家 Immanuel Kant 的话作题词:"人类的一切知识,皆始于直观,再发展为观念,终于形成理念。"看看数学发展经过,当能更好明白这一点。我不打算作进一步的讨论,但谁能再说数学本质的认识对数学教学没有影响呢?

至于数学概念和理论的来龙去脉,是否陈年旧迹? 我看不是,因为认识它的来龙去脉,有助于加深个人对数学的了解。通过历史材料,我们也可以了解一个数学分支何时兴旺、何时停滞、何时衰退,从中吸取成败经验,知道数学发展的规律,培养个人对数学的鉴识力,这些对教学是有帮助的。让我根据个人经验举一个例子,今年我开了一门"代数数论",即是讨论有理数域的有限扩张,但我从数论的历史谈起,以 Fermat's Last Theorem 为动机(那即是说 n 大于

2 时，$x^n + y^n = z^n$ 没有非平凡整数解，问题至今犹悬而未决①），引出以后的概念和定理，使学生明白那些抽象的理论扎根于实际问题。这样做不只使课程较富趣味，更重要的是使它较富启发。让我再举一个例子，就是很多学生视做畏途的 ε-δ 手法。一般书本上的定义使一些初学者看得头昏脑涨，于是囫囵吞枣，终致消化不良！但如果我们试图了解一下这种手法是怎样演变来的，便发觉就连 ε 这个符号也颇有点意思，它代表法文的"erreur"，是误差的意思。18 世纪的数学家（如 Joseph Louis Lagrange）擅长以逼近法求近似值，譬如求 $f(x) = 0$ 的根，他们自然要估计误差，譬如说，经过若干次逼近后所得的近似值与真值相差多少？同样的手法，到了 19 世纪的数学家手中（如 Augustin-Louis Cauchy），却变成极限理论。他们反过来问，要逼近多少次才保证误差不超过若干呢？这想法是近代数学分析严谨化的起步，也是 ε-δ 手法的基本思想。从这个角度看，ε-δ 手法只是具体的误差估计吧，不是那么高不可攀的。

从以上纵横两方面看，数学史明显地能帮助我们增长学识。不只这样，历史还留给我们丰富的材料。如果我们从中吸取营养，并和以今天的知识，以"事后诸葛亮"的眼光

---

① 在 1993 年 6 月英国旅美数学家 A. Wiles 宣称解答了这个问题，后来他和 R. Taylor 协作，在 1995 年发表文章，解了这个长达 360 多年的悬案。

把古今结合起来,还可以在课堂上发挥具体的作用呢。两年前我给了一个讲演,便是专讨论这件工作,故不再重复,有兴趣的朋友可参看以下两篇文章:

萧文强,数学教学上如何古为今用,《抖擞》双月刊第44 期,1981 年 5 月,70-73 页。

萧文强,活用数学史,《数学教学季刊》第 2 期,1981年,6-9 页。

三、实际的做法

以上我说明了数学上"才"、"学"、"识"的重要,也举例说明了数学史对数学教师的用途。如果你接受上面的论点,剩下来应该讨论的便是如何在师范训练中增强对数学史的认识。容许我做一些建议,可行与否或应行与否,留待读者争辩讨论吧。

我不认为单单开设一门数学史课程可以达致上述目的,正如我不认为在中小学独立地讲授数学史是合适的做法。我心目中的数学史,跟数学史家心目中的数学史有些不同,也跟一些人心目中的数学史不同。我心目中的数学史,并非单指数学个别课题之编年史,也并非单指数学家的生平逸事,而是既指数学知识的演变,也指创造这种知识的人、产生这些人和这种知识的客观条件、还有这种知识的社会作用。我们要追求的是一种"历史感",这种"历史感"不能单从一连串名字、一系列大事年表、一帧帧肖像、或者一页页小故事中得到。历史是在长时间中由事件累积而成,"历史感"也是在长时间中因学习历史而由淡至浓,以至浓得与本科混为一体而不可分。Johann Wolfgang von Göthe 曾经说过:"一门科学的历史就是那门科学本身。"我的信念就是:数学史就是数学本身。所以,最理想的做法,是把师范训练中的整体数学课程有机地围绕着数学史建立起来。至少,让数学史的精神渗透到课程里去。我可以提议几本适合教育学院的课本:

L. N. H. Bunt, P. S. Jones & J. D. Bedient, *The Historical Roots of Elementary Mathematics*, Prentice Hall, 1976;

H. Eves, *An Introduction to the History of Mathematics*, 4*th* Edition, Holt-Rinehart & Winston, 1976;

E. Sondheimer & A. Rogerson, *Numbers and Infinity — A Historical Account of Mathematical Concepts*, Cambridge University Press, 1981;

H. Eves & C. V. Newsom, *An Introduction to the Foundations and Fundamental Concepts of Mathematics*, Holt, Rinehart & Winston, 1965;

M. Kline, *Mathematics in Western Culture*, Oxford

University Press，1953；

李俨、杜石然，《中国古代数学简史》港版，商务印书馆，1976 年。

我也可以提出一些供数学教师参考的"材料的材料"：

Mathematics Appreciation Courses：The Report of a CUPM Panel（Bibliography & Reference List），*Amer. Math. Monthly*，1983(90)：C11-C20；

L. Leake，What Every Mathematics Teacher ought to Read（Seventeen Opinions），*Math. Teacher*，1972(65)：637-641；

L. Leake，What Every Secondary School Mathematics Teacher Should Read — Twenty-four Opinions，*Math. Teacher*，1983(76)：128-133。

合起来它们列出了三百种以上的（英文）书籍文章，使人目不暇接。当然，还有很多材料没给包括在内，其中一本不在上述名单却十分值得教师阅读的书就是：

M. Kline. *Why Johnny can't Add*，Vintage Books，1973。

至于合适的中文参考材料也有不少，我个人最熟悉的自然是下面两种：

萧文强.《为什么要学习数学？——数学发展史给我们的启发》，学生时代出版社，1978 年；

《抖擞文选:数学教学论丛》,商务印书馆,1981 年。

我们不可能在这里详细讨论课程内容,但举一个例子或者可以把我的设想表达得较为清楚。几何向来是课程设计上的"疙瘩",不论"新数"、"旧数"都未曾很好地解决这个问题。在 1960 年代(或之前)念中学的朋友,一定还记得当时的综合几何是多么困难的一部分,起初几课却又似是多么无聊做作,先来一大堆说了等于没说的定义(如直线是有长度没有广度的东西),再证明一些看来明显不过的定理(如两直线相交,对顶角相等)。学生正困惑于什么需证明、什么不需证明之际,形势却急转直下,接踵而来的是大批使人不知从何入手的习题,尤其作图问题与轨迹问题,往往连班上"高手"也给难倒了!1960 年代后期"新数"入侵课堂后,处理几何的方法走向两个极端,一是加入更多公理使它更严谨化,一是完全抛却证明而单从直观角度学习几何知识。甚至有人认为综合几何根本不应在中学课程占一席位,不如以解析几何代替了它。我不知道 1980 年代中学几何是什么样子,但从我的学生的反映,它一定不再是 20 多年前我学的那样了。曾经有位学生告诉我:"看了古希腊数学后,我才知道反证法对几何也有用,以前在中学我只在代数用它。"另一次我拟了一道测验题,问能否用一条不经切割的铁线曲成一个正八面体的骨架,用意原在考察学生对图论的认识,谁料全班 45 人中只有七八个答对,其余的学

生人人皆知运用什么定理,可惜他们弄不清八面体是什么
样子。有人以为那是正八边形,也有人以为那是正八边形
为底的角锥! 我不是要"复古",但我觉得综合几何在教育
上仍有其优点,若经适当编排,它是训练抽象思维和逻辑思
维、培养空间想像力的好工具,而且不少爱好数学的朋友一
定还记得当年如何对综合几何"一见钟情"! 不过,要领略
综合几何之美,单是"学"恐怕不足,犹需有"识"。特别是教
师本人应该知道一点几何的历史,才晓得怎样布置教材。
适合中学的综合几何材料,差不多全部在公元前 3 世纪希
腊数学家 Euclid 的 *Elements* 前六卷找得到。明代徐光启
与意大利传教士利玛窦合译 *Elements* 亦只译了前六卷(称
为《几何原本》),使后世不少人误以为 *Elements* 就是几何
课本。事实上,*Elements* 十三卷包罗不少题材,不单是几
何知识,而其编排处理的手法,更奠下后世数学公理化的基
石,开了数学演绎精神的先河。这本书对后世的数学发展
影响至大,也是人类思想史上的一个里程碑,难怪徐光启评
曰:"由显入微,从疑得信。盖不用为用,众用所基。真可谓
万象之形囿,百家之学海。"关于这本书的性质及编写目的,
众说纷纭,近年来更出现一些新的观点和论证,使"定案"变
"悬案",这本珍贵文献更值得研究了。虽然我们不是要做
数学史家,但这样重要的一本著述显然是应该认识的。通
过对这本书的学习,突出重点(卷一不妨细读),回顾古希腊

数学的发展,探讨欧氏几何与非欧几何的演变,对于增进我们的几何"学识"是十分有帮助的。

我们在香港大学数学系里开设了一门叫做"数学发展史"的课,课程的宗旨可分为两点:(1)除了使学生明白个别选讲课题的发展经过以外,更希望通过这些课题的阐述使学生对数学有个整体认识,把它看成是人类文化的一部分,是人类集体智慧的累积结晶,是一门生机蓬勃的学科。(2)通过专题探讨,培养学生的独立探讨能力、书写和口述的表达能力。有关这门课的详细情形,可参看以下的文章:

梁鉴添、萧文强. 一门与数学发展史有关的课程,《抖擞》双月刊第 41 期,1980 年 11 月,38-44 页。

四、结　语

让我重复一遍,数学教学的目标是(1)思维训练;(2)实用知识;(3)文化修养,三者应有适当的平衡。要同时达到这三点,一定有客观条件上的困难,但作为数学教师,我们必须肩负这项责任。经常接触数学,可保持本身的活力和热情。想想我们学科的历史、本质和意义,或者是一种激励和鼓舞。近代著名数学家 Hermann Weyl 说过:"我们并非宣称数学应该享有科学之皇后的特权,有其他科目与数学有同等甚至更高的教育价值。但数学立下所有心智活动所追求的客观真理标准,科学和技术是它的实用价值的见证。如同语言及音乐,数学也是人类思维的自由创作力之主要表现形式,同时它又是通过建立理论来认识客观世界的一般工具。所以数学必须继续成为我们要教授给下一代的知识和技能中的基本成分,也是我们要留传给下一代的文化中的基本成分。"这就是我们的事业。

数学史和数学教育：
个人的经验和看法①

一、我怎样跑进数学史打转

1974年夏,我在美国一所大学里教书。有一天系主任匆匆跑来告诉我有位同事摔倒断了腿,得休养一段日子。叫我代他的课。没有别的人愿担那门课,当时我刚到任两年,论年资乃最浅,"苦差"自然落在我的肩上!为什么没有人愿担那门课呢?原来那门"数学欣赏"课虽然名字漂亮动听,实则是一门专为非理工科学生而设的数学课,好让

① 原文刊于《数学传播》第 16 卷第 3 期(总 63),1992 年 9 月,23-29 页。

学生取得足够学分以满足通识教育的要求,把它称作"厌恶数学的人被迫上的数学课",或更贴切! 第一天上课,150多位学生劈头便嚷:"我又不需要使用数学,为什么要学习数学?"顿时令我哑口无言! 但这也令我首次从一个不需要使用数学作为工具的人的眼光去想这个问题。(过了四年后,我真的写了一本小书,书名就叫做《为什么要学习数学?》,记下了当时我的初步看法。)

为了应付"苦差",在 9 月开课前我"恶补"一番,拼命读书做笔记,又反复思量。经过消化大量材料后,我认识到哲学的省思和历史的省思的重要,尤其从数学史获得不少启发。渐渐我不单为备课而看书了,后来它更成为一种学习兴趣,至今不减分毫。更想不到的,这种兴趣竟然孕育了一种鼓舞,不只使我对数学的整体认识得到提高,还使我对数学的信念和热爱得到增强。看来,"苦差"竟成了"优差"呢!

二、谁需要数学史

"谁需要数学史?"和"谁需要数学史!"表明了两种不同的态度,前者意味开放的探讨,后者意味既定的否定看法。归根结底,这两种不同的态度,其实反映了不同的"数学观",在第四节我们要回到这一点。暂时,让我们开门见山,胪列一些运用数学史于数学教学的理由和方法。这些观点散见诸为数不算太少的中西文章,恕我不一一列明出处了。以下的总结,取材自 J. Fauvel 的文章"Using History in Mathematics Education"(刊于 *For the Learning of Mathematics*,Vol. 11,No. 2,1991,3-6 页),我试把内容整理为以下几点。

运用数学史于数学教育的理由:

(1)引发学习动机,从而使学生(及教师本人)保持对数学的兴趣和热情。

(2)为数学平添"人情味",使它易于亲近。也使学生明白前人创业的艰辛,并且明白到不应把自己碰到的学习困难归咎于自己愚笨。同时,教师也可以从历史发展中的绊脚石了解学生的学习困难,可以参考历史发展作为计划课题安排的指引。(在这儿要提醒一点,参考历史发展作为指引,绝不等同完全按历史发展去讲授,因为真正的历史发展有时非常迂回曲折,后人视之,往往难以理解!)

(3)了解数学思想发展过程,能增进理解。对比古今,能更好明白现代理论和技巧的优点。

(4)对数学整体有较全面的看法和认识。

(5)渗透多元文化观点,了解数学与社会发展的关系,并提供跨科合作的通识教育。

(6)数学史提供学生进一步探索的机会和素材。

运用数学史于数学教育的方法:

（1）在讲课中加插数学家的逸事和言行。

（2）开始讲授某个数学概念时，先介绍它的历史发展。

（3）以数学史上的名题及其解答去讲授有关的数学概念，以数学史上的关键事例去说明有关的技巧方法，以数学史上的著名错误或误解去帮助学生克服学习困难。

（4）利用原著数学文献设计课堂习作。

（5）指导学生制作富数学史兴味的墙报、专题、探讨、特辑，甚至戏剧、录像，……。

（6）在课程内容里渗透历史发展观点。

（7）以数学史作指引去设计整体课程。

（8）讲授数学史的课。

与其把以上逐点详加解释，不如让我从个人经验中抽取一些事例，说明如何在教学上运用数学史。固然，这些个人的做法，可能失诸片面，也可能流于主观，但或许仍能起一点参考作用吧。在下一节我只列举在其中取材的书本或文章，适当地加点按语。这束事例是在不同的课上运用，如果读者感觉叙述上比较散漫凌乱，还请原谅，并且请用一种多元眼光看待它。这些事例也并不企图包罗众多的数学史参考数据，请读者不要把它视为一张参考书目。

三、事例一束（此节省略）

四、数学史真的有帮助吗

从上一节所举的事例中,读者大概能意会到我心目中的可"运用的数学史"是指什么吧? 它不单指人物、逸事、谁于何时发现什么,……,它也不等于专门数学史家的研究工作。固然,我们绝不排除这些材料,它们是不可缺少的帮助。我是以一个数学工作者和数学教师的身份看待数学史,不论是原著、二手材料、论述或者故事、传记,都是我们的营养品,值得我们学习、消化、运用。通过这些材料,我们看到多姿多彩的数学意念如何产生,明白到它们如何演变成为今天熟悉的形式,也从这些发展演变当中认识到创造这些知识的人,产生这些人和这些知识的客观条件,还有这些知识的社会作用和它对文化的影响。18 世纪德国文豪 Goethe 说过:"一门科学的历史就是那门科学本身。"用诸于数学,我们不妨说:"数学史就是数学本身。"所以,吸收和运用数学史,既充实了自己,也丰富了教学。

对于运用数学史于教学的建议,最常碰到的消极反应有两种:(1)"我要教的是现代人用的数学,管它古代人怎么做数学呢? 那些老古董顶多拿来作点缀而已,它并不是真正的数学。即使你说从数学史能窥探数学的本质和意义,那又与我何干? 我不是研究哲学的,我只想把数学教好。"

(2)"虽然我承认数学史既有益又有趣,但我哪儿来这份闲情逸致去运用它? 单是在规定的时间内,按照规定范围,教懂一大群程度参差的学生,已够忙的 !"

　　这两种反应貌似不同,实则反映了同一件事:在数学教育中,我们往往只强调实用知识这一个目标。不同时代不同地区的数学课程纲要,内容和使用字眼或许不相同,但笼统扼要地说,它们的目标都可以分为三方面,即:(1)思维训练;(2)实用知识;(3)文化素养。但往往我们只注重(2),把数学单单作为一种技能,一种工具去讲授。这样做的话,纵使传授了知识,亦必掩盖了数学作为文化活动的面目。学生不易了解数学有它的生命和发展,有它的过去和未来;学生容易把数学看成是一堆现成的公式和定理,虽然完美无误但也是僵硬不变而且刻板枯燥;学生见到的仅是技巧堆砌和逻辑游戏,予人闭门造车的印象。难怪只有极少数学生被数学吸引了,也有少数一些学生为了日后需要使用这种工具姑且把它挨过去,其余绝大部分学生都与数学疏离,或者厌恶害怕它,或者对它持冷漠态度。很多学生中学毕业了,却像完全没有学过数学这科,只当它是一场噩梦。

　　数学教学有"狭义"和"广义"两方面:前者是指传授数学知识,后者较难界定,笼统地说它是指"数学观"的体现。什么是"数学观"呢? 有些人以为那些是抽象的哲学问题,其实它并不抽象,你的数学观就是你对数学的看法,你对数学本质和意义的见解。每个人总有自己对事物的看法，因此每个人一定有自己的数学观。（如果你认为无须理会数学的本质和意义，那也是一种数学观！）每个社会的成员的数学观汇集起来，其主流即形成该社会的数学观。千万不要小看这一点，千万不要以为数学观与数学教学无干。就个人而言不论你自觉也好，不自觉也好，你的数学观必定流露反映于你的教学中，从而影响了你的学生。就整个社会而言，证诸历史，数学和数学教育的内容及发展，决定于当时当地的数学观。

以前我曾在一篇题为"数学·数学史·数学教师"的文章里谈到数学上的"才、学、识"（刊于《抖擞》双月刊第53期，1983年7月，67-72页），这个提法源于清代文学家袁枚的话："学如弓弩，才如箭镞，识以领之，方能中鹄。"于数学而言，"才"是指计算能力、推理能力、分析和综合能力、洞察力、直观思维能力、独立创作力，……；"学"是指各种公式、定理、算法、理论，……；"识"是指分析鉴别知识再经融会贯通后获致个人见解的能力。如果把这三点套用于上述的两方面，"学"便对应于狭义数学教学，而"才、学、识"三者合起来才对应于广义数学教学。至于这两方面的功能，大别之或者可以这样说：狭义数学达致的社会功能，就短线而言乃日常计算或专业需要，就长线而言乃数学研究及科技进展，总而言之，数学是一种工具。广义数学教学达致的还有教育功能,这包括数学思维延伸至一般思维,培养正确的学习方法和态度、良好学风和品德修养,数学欣赏带来的学习愉悦以至对知识的尊重。

单单传授知识,从广义角度看自然是一个失败。近代哲学家 A. N. Whitehead 说过:"教育是使人获得如何使用知识的艺术。"他也说过:"文化素养包含思维活动与对美和善的感受,而非单单零碎的知识。仅仅拥有知识的人是天下间最没用的讨厌家伙,我们的目标在于培养既具文化素养又具某种专业知识的人。"即使从狭义的角度看,只注重操练数学技能也不见得传授了知识。这样做可能使学生应付过了考试,但却使大部分学生丧失了兴趣、好奇心、批判能力、自学能力、甚至表达能力。总的而言,学生既感受不到一种学习愉悦,也就难于养成一种对知识的尊重了。表面看起来,亚洲学生的数学测试成绩排名居世界前列,这从几届国际数学教学评估报告中可以看到。但我对这点可不敢沾沾自喜。会不会我们在技术内容方面要求过高,以致忽略了别的方面,而付出的代价就是那些不能在短期内以标准测试方式量度的品质呢? 小孩子本来都很喜欢学习,对什么也感兴趣。进了小学后,有些人不再喜欢学习了;进了中学后,更多人不喜欢学习了。原来是有趣的事物,由于不用考或没法考,变为没趣! 那些要考的,却由于要考,也变为没趣! 到头来什么都没趣了,这岂非"自讨没趣"吗?

除了传授知识以外,数学教师更有责任培养学生的数学素养、眼光和品味。固然,这不是一桩轻而易举的工作,但只有身在第一线工作的教师才能肩负这项任务,再周全再详尽的课程纲要亦只能起指引作用而已。数学教师应该设法在日常教学里渗透这种文化观点和历史眼光,让学生畅游其中,渐渐形成自己的数学观。要这样做,教师必须充实自己的学识。数学的学识可作纵横看,纵是追溯数学概念和理论的来龙去脉,横是认识数学的本质和意义,经纬交织而成。一个数学教师也像一个独奏表演者,凭着自己的理解、领会、功力去诠释音乐作品。要作美妙的诠释,表演者本人先必须了解该作品和喜爱该作品。数学教师亦复一样,要把数学教好,教师本人亦必须保持自己对数学的兴趣和热情,充实自己的学识,培养那种文化观点和历史眼光。在这几方面,数学史肯定是有帮助的。让我引用一段著名科学史家 G. Sarton 的话作为本文的结束:

> "数学史家的主要任务,同时又是他最钟爱的特权,就是诠释数学的人文成分,显示数学的伟大、优美和尊严,描述历代的人如何以不断的努力和积累的才华去建立这座令我们自豪的壮丽纪念碑,也使我们每个人对着它叹为奇观,感到谦逊而谢天。学习数学史倒不一定产生更出色的数学

家,但它产生更温雅的数学家。学习数学史能丰富他们的思想,抚慰他们的心灵,并且培植他们的高雅品质。"(《数学史的研究》,1936 年)

"不,我不在数学课堂运用数学史。为什么?"①

一、引　言

1998 年 4 月,在法国南部小镇 Luminy 召开了第 10 届国际数学教学委员会专题研究(10th ICMI Study)的工作会议,主题是"数学史在数学教育的作用"。在会上我作了一个讲演,当中我列举了 13 项理由,说明为什么教师在课

---

　　① 这篇是 2004 年 7 月在瑞典 Uppsala 市举行的 HPM 2004 & ESU4 上的英语讲演,文稿刊于 Proceedings of HPM 2004 & ESU4 at Uppsala(由 F. Furinghetti 等编,2006 年),268-277 页。本文由作者及陈凤洁合译。

堂上对运用数学史有所迟疑，甚且决定不采用。提出这些理由时，我是故意唱反调。往后几年，我把理由加至 15 项，其后再增至 16 项：最后一项是从数学教育学者的角度提出，前 15 项则从教师角度着眼。我多次与现职教师及准教师讨论这 16 项理由，搜集他们的意见。随着时间过去并经过多次与教师们谈话，我愈来愈明白到不能老是停留在一个表面是唱反调，心底里却是一个热心支持 HPM（History and Pedagogy of Mathematics，数学史与数学教学）的人。要是这样，每当遇到挑战时，便会马上进行反击，为 HPM 作辩护。我们不应该心存先入为主的成见，而应该真正走进教师群中，以开放的态度，聆听他们细说课堂的经历。

　　为了更生动地表达这 16 项理由，我用问题或感叹句形式把它们写出来，就像是发自教师的内心。细心思考这些理由是一项非常有益的活动，能帮助我们看得更清楚，做得更好；至低限度，当我们尝试把数学史与数学的学习结合时，它能帮助我们建立更稳固的立足点。南宋儒家学者朱熹(1130—1200)教导我们："人之病，只知他人之说可疑，而不知己说之可疑。试用诘难他人者以自诘难，庶几自见得失。"

二、十六项使人不运用数学史于教学的理由

以下是我的假设:

(1)我没有这么多上课时间!

(2)这些并不是数学!

(3)即使我讲了,怎样考试?

(4)这不能改善学生成绩!

(5)学生不喜欢数学史!

(6)学生认为那是历史,他们讨厌历史课!

(7)学生觉得数学史和数学一样沉闷!

(8)学生缺乏普遍文化知识,难以真正欣赏数学史!

(9)数学发展是要把五花八门的问题化为系统处理的例行操作,为何回到起初的混沌呢?

(10)很缺乏数学史的教学材料!

(11)很缺乏数学史的教师培训!

(12)我不是数学史专家,怎样判断听来的材料是否可靠?

(13)真正历史发展过程往往迂回曲折,依照着去叙述不只说不清楚,反而引起混乱!

(14)阅读原典十分困难,真的有帮助吗?

(15)会不会引发"文化沙文主义"和狭隘的"民族主

义"呢？

（16）有没有实际数据证明在数学课堂运用数学史能提高学生成绩呢？

三、在课堂上运用数学史的研究

已经有很多文章论及数学史在数学的学习和教学上的价值和作用，它们的数量远远超越那些测试这种说法的文章。第一类文章，读者可参考 Fauvel & van Maanen，2000，Furinghetti & Radford，2002；Furinghetti，2004 和它们所刊载的参考文献。第二类文章有 Fraser & Koop，1978；Guilikers & Blom，2001；Lit & Siu & Wong，2001；McBride & Rollins，1977；Philippou & Christou，1998，但不表示这已包括所有相关的文献。本文只集中叙述其中一篇（Lit & Siu & Wong，2001），只因为作者较熟悉那一篇吧。

文章（Lit & Siu & Wong，2001）所记录的实验在 1997 年 11 月进行，为期 3 周，每周上 3 至 4 节课，主题是"勾股定理"（亦称"毕氏定理"）。实验组采用的材料富有数学史特色，相应组的教学程序与实验组无异，只是去掉数学史成分。测试结果显示相应组学生的热心程度下降，而实验组学生的则轻微上升。至于传统测验分数，实验组一般较相应组的为低。从表面看来，这些结果加强了这个意见：数学史能令学生上课时较愉快，但却不能令他们学到什么。本文最后一节将再讨论这一点。现在，我要讲述有关这项实验在 1996 年 10 月进行的事前试点研究，因为它揭露了一些有趣的现象。

试点研究以两部分进行。第一部分由数学教师参与：从 41 间学校选出 360 位教师，当中 82％回答了问卷（其中45％是少于 5 年教学经验的"新教师"，其余 55％是有 5 年或以上经验的"熟练教师"）。他们以 1 至 5 分评估数学史的价值（1 分是毫无价值，5 分是非常有价值），这是指数 A。另外，他们以 1 至 5 分显示他们在课堂运用数学史的经常程度（1 分是从不运用，5 分是经常运用），这是指数 B。表1、2、3 列出所得的分类结果。

表 1

	教师曾选修数学史 （19.2％）	教师不曾选修数学史 （80.8％）
A	3.99	3.78
B	1.64	1.44

表 2

	教师曾阅读数学史书籍 （56.9％）	教师不曾阅读数学史书籍 （43.1％）
A	3.98	3.61
B	1.62	1.29

表 3

	教师曾阅读有关数学史应用于数学教学的文章（25.0%）	教师不曾阅读有关数学史应用于数学教学的文章（75.0%）
A	4.07	3.73
B	1.78	1.37

从这些数据得到的结论十分明显：教师非常看重数学史的价值,但真正在课堂上运用数学史的主动性却非常低!不过,对 HPM 的支持者来说是种鼓励,因为通过不断游说,教师在课堂上运用数学史的意识和主动性大大提高。(如果读者对"运用"一词感到不自在,请忍耐一下,文章结尾时我再谈及这一点。)

表 4

	"强班"中人数	"弱班"中人数
喜欢课堂加入数学史材料的学生人数	14(4)	30(25)
对课堂是否加入数学史材料没有意见的学生人数	16(9)	1(0)
不喜欢课堂加入数学史材料的学生人数	12(9)	11(7)

注：括号内的学生人数等于认为运用了数学史的数学课比以前更有趣味和更有意义的学生人数

试点研究的第二部分由两班初中二年级学生参与,每班 42 人（年约 13 岁）,实验员在两班教授"勾股定理"。其中一班学生的学习能力较强,称之为"强班",另一班学生的学习能力较差,称之为"弱班"。要郑重说明,这种区分纯粹按照学生的考试成绩厘定,我个人认为,它不能全面反映学生的一般兴趣和能力。表4列出分类结果。从这些数据得到的结论又是明显不过:那些"能力较强"的学生一般认为数学史没有用处和浪费时间,而"能力较差"的学生则持相反意见。(个人认为)这个现象说明目前香港的数学教育的缺点,学生全部注意力集中在操练计算技巧以应付考试,因而忽略了长远和深入的理解。

这次试点研究促使我草拟了15项数学教师不在数学课堂运用数学史的理由,并通过与教师讨论,搜集他们的意见。

四、教师的意见

作者曾向几组在职教师及准教师搜集他们对这15项理由的意见,项(16)只作讨论用,并不要求他们表示同意抑或不同意。至目前收集了608份回应。表5列出结果。把意见按教师教学经验分类,虽然有自身的研究价值,但本文旨在讨论教师的总体意见,这些结果就不在本文分别列出了。

表5				（人数/％）
	非常不同意	不同意	没有意见	同意	非常同意
(1)	3.95	20.07	9.04	49.51	17.43
(2)	45.06	42.43	7.57	3.13	1.81
(3)	9.54	27.80	29.27	29.11	4.28
(4)	5.60	35.36	29.11	25.00	4.93
(5)	9.87	46.38	27.80	13.65	2.30
(6)	8.88	44.24	28.46	17.11	1.31
(7)	7.57	42.44	24.34	24.01	1.64
(8)	5.59	28.95	19.24	39.31	6.91
(9)	18.91	49.51	21.55	8.88	1.15
(10)	4.61	20.73	10.19	45.56	18.91
(11)	1.65	6.25	9.21	55.26	27.63
(12)	4.11	31.25	24.67	33.22	6.75
(13)	4.44	38.65	28.78	24.51	3.62
(14)	1.97	17.76	32.09	41.94	6.25
(15)	10.85	32.56	47.54	7.41	1.64

作者无意声称在搜集和处理数据时采用了严谨的科学方法。虽然如此，这些数据仍然或多或少代表了教师的意见。项目(1)、(8)、(10)、(11)、(12)、(14)搜集得来的结果，完全是意料之内。虽然如此，从 HPM 的角度来看，这些是最值得我们注意的。下一节将详细讨论这些调查结果，以下是其概括。

(1)53％教师认为上课时间不足是一大问题——"我知道数学史是好东西，不过我没有时间运用它，因为连要完成课程的时间也不足够。"

(2)50％教师对搜集学习材料有困难。78％老师认为师范课程缺乏培训如何在教学上运用数学史。

(3)50％教师对阅读原典有困难。36％教师担忧"以讹传讹"——"历史上发生的事情是否真的如此？"

(4)36％教师同意学生的普遍文化知识不够，未足以使他们欣赏数学史。

五、三个例子

首先要解释一下经常被误解的所谓"在数学课堂中运用数学史"。运用数学史并不等于只是提一下年份日期、人物名字，或张贴一些大数学家的肖像，也不是把数学史作为一个科目去教授。诚然，以上所说的，没有一样是需要摒弃的，更加不是无用的，而且数学史本身是一门严肃有价值的学问。明白这一点已经可以消除由那 16 项感叹句和问题显示的困惑和疑虑，特别是项(1)。

早在 1919 年，(英国)数学会委员会报告书提出以下建议(Fauvel，1991，p. 3)："学童应掌握数学科中较人性方面的知识。…… 数学史能帮助我们制订数学科的课程。……(建议)教室悬挂数学家肖像；上课时教师经常提及数学家的生平和他们的研究，并解释数学的发现对文化进展的影响。"这些建议都是正确的，但只是第一步。

在这方面，我们应当听从 Frederick Raphael Jevons 的忠告(Jevons，1969，p. 165)："事实说明科学史可以有如其

他学科同样地沉闷、过时和无用。……如果课程只是从古
希腊至达尔文匆匆走一回,胪列其间在科学上发生的主要
事件和日期,那么,它的教育价值比起要求学生熟读英国历
代皇朝的年份没有任何分别。"(Jevons 所说的是科学教
学,以"数学"代替"科学",此句也用得上。)Jevons 也曾说
过(Jevons,1969,p. 42):"(在讲课中)胡乱加入历史不比完
全没加入为佳。……很多时这些内容并非基于第一手的历
史研究,只是抛出一些显赫的名字,或者说一点掌故和逸
事,这些掌故和逸事又往往因其浪漫成分多于其真确实情
被选上。初学者不会理会这些东西,懂得历史的人则会感
到不快。"

　　Jevons 的第二段说话表达了项(12)提出的疑虑。对
于这个疑虑我的第一个反应是(Siu,1997/2000):"运用掌
故和逸事的时候,我们通常不理会它们是否真确。有人会
觉得奇怪,在别的场合数学家以严谨著称,但他们竟然毫不
犹豫重复一些没有历史根据的掌故和逸事,没有半点'良心
不安'。但是要明白,这些只是被视为故事而非历史,只要
我们着重它们的催化作用,它们跟用寓意辩论(heuristic
argument)来解释定理同样没有问题。此外,虽然很多故
事在长年累月中已经不断被修改,其中不少是基于事实的。
当然,最理想的情况是找到既真实又有趣又富启发的故事,
若不然,一桩能带出主旨的故事仍然对教学有帮助。"在文

章(Siu,1997/2000,p.4)我提供了两桩我喜爱并且在课堂
中运用过的逸事。

当要处理数学理念发展时，一个更严肃的问题随之而
生,它与项(9)、项(12)、项(13)与项(14)有关。在这方面我
极受 Ivor Gratten-Guinness 的文章(Ivor Gratten-Guin-
ness，2004)启发。我将以下面的三个例子说明我的理解。

第一个例子是关于函数的概念。从 John Mason 那儿
我学到如何在微积分课上提出以下(按次序)问题的"招
数":(1)绘画一个函数的图像;(2)绘画一个连续函数的图
像;(3)绘画一个可微函数的图像。过程中,问题(2)后我加
插(2′):你给予(1)的答案是否已回答了(2)呢？ 问题(3)后
我加插(3′):你给予(2)的答案是否已回答了(3)呢？ 很大
可能学生给予问题(1)的答案已解决了问题(2)和问题(3)!
这样的过程提醒我们函数的细致特性并不是十分自然的。
只有在碰上困难并要正视它们时,才能真正完全了解这些
特性。

虽然我并非主张学生要追随数学家几百年走过的路
程,但是历史能提供很好的引导。函数概念的发展史在学
习函数过程中担当一个角色,一如 Gaston Bachelard 所说
(Bachelard,1938,第 2 章,段 II):"认识论学者的工作与科
学史家的工作的分别是:科学史家把概念(ideas)看作为事
实(facts),而认识论学者则把事实与概念置于一个完整的

思想体系中。一项事实,在某个时代还未能好好地被理解,对科学史家来说,它仍然是一项事实,但对认识论学者来说,它是一个障碍(obstacle),一种'反思想'(counter-thought)。"文章(Siu,1995a)详细讨论了以历史观点教授函数的过程。

第二个例子是关于解难的问题。在讲解 Königsberg 七桥问题时,我喜欢借助 Leonhard Euler 的智慧。1735 年 8 月 26 日,Euler 在 St Petersburg 宣读了题为 *Solutio problematis ad geometriam situs pertinentis* 的文章;阅读这篇文章,我们能学懂很多东西。把 Euler 的解法与现代图论教科书所提供的作一比较,是一项有益有启发的活动。这个例子的细节刊于 Siu,1995b。

以这样的方法教授 Eulerian graph 需要的时间必然较多,但时间是用得其所的。除了学懂 Eulerian graph 的结果外,我们还能看到一个图的顶点的价(degree)这个概念是怎样产生,并知道它是怎样发展成为今天我们在标准教科书见到的样式。现代教科书给 Eulerian graph 定理的证明来得浅易、简明和完整,乃后见之明。Euler 最初给出的证明虽然不如现代证明那么完整和精炼,但它以清晰程度及丰富内容取胜。并且,阅读 Euler 这篇原文是一件赏心乐事;它的英文译本可以在多处找到,例如 Biggs & Lloyd & Wilson,1976,1-8。

第三个例子是关于圆形的面积。所有小学生都懂得以 R 为半径的圆的面积是 πR^2，其中 π 是圆周与直径的比率。爱思考的学生可能想知道面积的公式是怎样得来的？他不难接受圆周是直径乘以一个常数（叫它做 π），因为圆形越"阔"，它的圆周便相对地"增大"；但是，为什么同一比例常数会出现于圆面积的公式呢？数学史能够提供不少以寓意论证求圆面积公式的解说（往后加上极限的概念便成为正确的数学证明）。例如，公元前 3 世纪阿基米德在《圆的量度》提出的（Calinger，1982/1995，35 段）（图 6），公元 3 世纪刘徽在《九章算术》注疏提出的（Crossley & Lun & Shen，1999，Chapter 1）（图 7），又或者是 Abraham bar Hiyya ha-Nasi 在公元 12 世纪的《量度论》提出的（Grattan-Guinness，1997，Chapter 3，Section 9）（图 8）。这些图都能导出（用今天数学表达的）圆面积公式 $A = \dfrac{1}{2}CR$ ，亦即是 $A = \pi R^2$。记录在上述文献的工作便是历史。

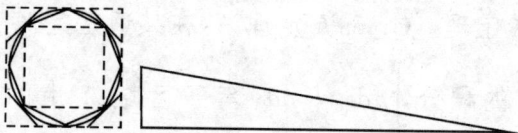

图 6

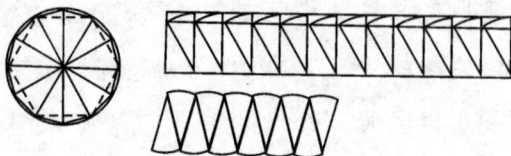

图 7

图 8

在某方面来说,公式 $A = \dfrac{1}{2}CR$ 比 $A = \pi R^2$ 优胜,因为它显示了一件非常重要的事实,那就是圆面积的二维性质与周长的一维性质非常相关。更一般来说,有界闭域的面积与其周界上某一数量有联系。这项性质令人想起"微积分基本定理"所叙述的漂亮关系。事实上,"微积分基本定理"的一般形式——Stokes' 定理——在平面上便是 Green's 定理。Green's 定理说:在某适定条件下,单闭曲线 C 上的积分 $\oint_C p\,\mathrm{d}x + q\,\mathrm{d}y$ 等于区域 A 上的二重积分 $\iint_A \left(\dfrac{\partial q}{\partial x} - \dfrac{\partial p}{\partial y}\right)\mathrm{d}x\,\mathrm{d}y$,$A$ 是由 C 围成的区域。取 C 作圆 $x^2 + y^2 = R^2$,又取 $p = -y$,$q = x$,便得到公式 $A =$

$$\frac{1}{2}\oint_C x\,\mathrm{d}y - y\,\mathrm{d}x = \frac{1}{2}\oint_C (-y,x) \cdot \left(-\frac{y}{R},\frac{x}{R}\right)\mathrm{d}l = \frac{R}{2}\oint_C \mathrm{d}l =$$

$\dfrac{1}{2}CR$（图 9）。这种讨论便是传承。

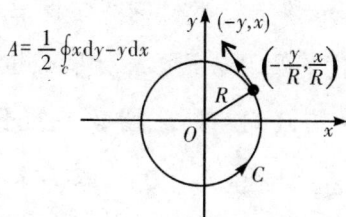

图 9

在文章 Ivor Grattan-Guinness 说："历史和传承都是处理过去数学的正当方法，但把二者混为一谈，或者认定其中之一从属于另一，那就不正确了。"他的结论是："应用前人的数学成果过程中，数学史与传承有着本质的不同；在数学教学过程中，两者都有益处。"（Grattan-Guinness，2004，p. 1）

能在课堂运用的数学史材料越来越多了，除了文章（Fauvel & van Maanen，2000；Siu，1997 / 2000）文末附的参考书目外，最近还有一套包括不同题材的独立单元，以光盘版本发行（Katz & Michalowicz，2005）。

六、结　论

如果完全不提第(16)项，那就对 HPM 不公平。不幸的是,这方面的证据虽然被视为运用数学史的试金石,但得到的数据不多而且不一定正面。在我所知道的几项研究中,能取得正面结果的,多在于情感范畴而不在于认知范畴。学生上了加进数学史素材的数学课后,比较从前喜欢数学科,但是他们的测验成绩不一定有改进。有人争辩说,这种情况是因为测试的与所学所教的并不一致。尽管如此,我们不能否认,加添了数学史的数学课未必能令学生学得更好。

就算教师在数学课运用了数学史后,学生的兴趣与成绩都有所提高,也不能肯定变化是因为教师运用了数学史,还是因为教师热心教学。令人安慰的是,有迹象显示热心教学的教师与愿意运用数学史的教师明显的相关。我并没有科学数据支持这项声称,只是与教师多次接触得后到的印象。不过,如果教育真的是一项学习者与教学者相互依赖的活动,那么,与教师接触得到的资料,其用处可与大型统计数据媲美,甚至比这些数据更为有用。

更基本的问题是,学生在某个课题的测验成绩有没有进步是否**真的**那么重要? 当然成绩进步是重要的,但是否真的是那么重要呢? 量度数学史作为教学工具的有效性是十分困难,测验中取得高分数既非是说明数学史有效的必须条件,亦非是充分条件。有些作用长期地影响一个人的成长,但评估一个人的成长是困难的,也无此需要。

　　"在数学课堂中运用数学史，不能在一夜之间提高学生的成绩，但能够使学习数学成为一种有意义而且活泼的经验，（希望由此）令学习进行得较顺利和更深入。明白了数学的演进过程，教师在教学中会更加耐心，较少专横，更富厚道，较少迂腐；教师更能反思，更热衷于学习，视教学为一项对知识和思想的承担。"（Siu,1997/2000,p.8）

　　"最后，我们要指出，虽然数学史是非常重要，但不能视之为解决数学教育中众多问题的万应灵丹，如同数学是一门非常重要但不是唯一值得学习的科目。其实，正是数学与别的知识和文化领域之间的和谐结合，使它更值得我们学习。在这方面，数学史在全人教育上，担当了一项更加重要的任务。"（Siu & Tzanzkis,2004,p.ix）

　　回到这篇文章的题目——"不，我不在数学课堂运用数学史。为什么？"——我现在可以回答了："不，我不在数学课堂运用数学史，我让数学史**充满**数学课。"

参考文献

[1]Bachelard G. *La formation de l'espirit scientifique*. Paris：J. Vrin,1938

[2]Biggs N L,Lloyd E K,Wilson R J. *Graph Theory*,1736-1936. Oxford：Clarenden Press,1976

[3]Calinger R. （ed.）*Classics of Mathematics*,Oak Park：Moore；reprinted edition. Englewood：PrenticeHall,1982/1995

[4]Crossley J N,Lun A W C,Shen K. *The Nine Chapters on the Mathematical Art：Companion and Commentary*. Oxford：Oxford University Press,1999

[5]Fauvel J. Using history in mathematics education. *For the Learning of Mathematics*,1991,11(2):3-6

[6]Fauvel J,van Maanen J. (eds.) *History in Mathematics Education* :*The ICMI Study*,Dordrecht:Kluwer Academic Publishers,2000

[7]Fraser B J,Koop A J. Teachers' opinion about some teaching material involving history of mathematics. *International Journal of Mathematics Education in Science and Technology*,1978,9(2):147-151

[8]Furinghetti F. History and mathematics education:A look around the world with particular reference to Italy,*Mediterranean Journal for Reseach in Mathematics Education*,2004,3(1-2):1-20

[9]Furinghetti F,Radford L. Historical conceptual developments and the teaching of mathematics:From phylogenesis and ontogenesis theory to classroom practice,in English L D. (ed.)*Handbook of International Research in Mathematics Education*,London:Lawrence Erlbaum, 2002. 631-654

[10]Grattan-Guinness I. *The Fontana History of the Mathematical Sciences*:*The Rainbow of Mathematics*,London:Fontana Press,1997

[11]Grattan-Guinness I. History or heritage? An important distinction in mathematics and for mathematics education,*American Mathematical Monthly*,2004,(111):1-11

[12]Guilikers I,Blom K. 'A historical angle',a survey of recent literature on the use and value of history in geometrical education, *Educational Studies in Mathematics*,2001(47):223-258

[13]Jevons F R. *The Teaching of Science*:*Education,Science and Society*. London:Allen & Unwin,1969

[14]Katz V,Michalowicz K D. (eds.)*Historical Modules for Teaching and Learning of Mathematics*(CD version),Washington D. C. :Mathematical Association of America,2005

[15]Lit C K,Siu M K,Wong N Y. The use of history in the teaching of mathematics:Theory,practice and evaluation of effectiveness,*Educational Journal*,2001,29(1):17-31

[16]McBride C C,Rollins J H. The effects of history of mathematics on attitudes toward smathematics of college algebra students,*Journal for Research in Mathematics Education*,1977,8(1):57-61

[17]Philippou G N,Christou C. The effects of a preparatory mathematics program in changing prospective teachers' attitude toward smathematics,*Educational Studies in Mathematics*,1998(35):189-206

[18]Siu M K. Concept of function — Its history and teaching,in Swetz F, Fauvel J,Bekken O,et al(eds.)*Learn From the Masters*:*Proceedings of Workshop on History of Mathematics at Kristiansand in August 1988*,Washington D. C. :Mathematical Association of America,1995a. 105-121

[19]Siu M K. Mathematical thinking and history of mathematics, in Swetz F,Fauvel J,Bekken O, et al(eds.) *Learn From the Masters : Proceedingsof Workshop on History of Mathematics at Kristiansand in August* 1988, Washington D. C. : Mathematical Association of America, 1995b. 279-282

[20]Siu M K. The ABCD of using history of mathematics in the(undergraduate)classroom, *Bulletin of the Hong Kong Mathematical Society* ,1, 143-154;reprinted in V. Katz(ed.)*Using History ToTeach Mathematics : An International Perspective*. Washington D. C. :Mathematical Association of America,1997 / 2000. 3-9

[21]Siu M K,Tzanakis C. History of mathematics in classroom teaching-Appetizer? maincourse? or dessert?, *Mediterranean Journal for Researchin Mathematics Education* ,3(1-2):v-x. 2004

[22]Zhu X. *Zhu Zi Xing Li Yu Lei(Conversations of Master Zhu on Nature and Principle Arranged Topically)*, reprinted version, Shanghai: Shanghai Classical Texts Publishers,1992

《数学证明》的写作经过①

　　写作《数学证明》这本书，我用了不少时间和气力。书的内容其实反映了个人对数学的一些看法，书的撮要内容，可以在下列文章读到：萧文强，数学＝证明?，《数学传播》，第 16 期第 4 卷（总 64），1992 年，50-58 页。原书在 1990 年出版，在 2007 年和 2008 年再版，原版序言及再版序言约略道出了写作该书的经过，录于下面。

《数学证明》原版序言

　　有一则关于 18 世纪瑞士数学家欧拉（L. Euler）的"小

---

　　① 《数学证明》一书，完稿于 1989 年春，隔了将近二十年再版，添加了一些后记，这里收录了两次出版的序言。

道新闻",经由贝尔(E. T. Bell)的通俗读物《大数学家》(九章出版社,1998年出版。原英文本 *Men of Mathematics*,1937 年出版。)而广为流传。那是叙述欧拉与法国哲学家狄德罗(D. Diderot)辩论的经过。据云俄罗斯女皇对狄德罗在她的宫廷内散播无神论极为不满,但又不便面斥,便请欧拉想个办法把他赶走。有一天,狄德罗应邀进宫听一位数学家证明神的存在,他欣然前往。那时欧拉走到他的跟前,一本正经地以严肃而郑重的口吻对狄德罗说:"尊贵的先生,$\dfrac{a+b^n}{n}=x$,故神存在。请回应吧!"狄德罗哑口无言,四周响起嘲弄的笑声,令他十分难堪,于是,他请求女皇准许他回法国去。这则"小道新闻"的可信程度极低,[①] 很难想象欧拉会说出这种无稽之谈的话来,但它却是一个生动的例子,说明什么叫做"恐吓证明法"(proof by intimidation)! 这种证明可谓一文不值,它既无核实作用,更无说明作用,只有迷信权威的人才会被这种证明吓唬住。

除了上述那种所谓证明可以不予理会以外,数学证明是一个十分有意思的话题,因此,我选了这个话题与读者一

---

① 狄德罗本人不只懂数学,还写过数学的文章,看来不大可能就此被吓唬了。B. H. Brown 写了一篇札记,说明为何这个故事不可信,刊于 *American Mathematical Monthly*,49,1942,302-303。读者也可以参考:*Inna Gorbatov, Catherine the Great and French Philosophers of the Enlightenment*,Academica Press,Bethesda,2006,Chapter V。

起探讨。本书所指的数学证明,意义是颇广泛的,读下去你便知道为什么我这么说了。以下十章的内容,请读者随自己口味选读,大部分章节内容是互相独立的,但总的脉络,可由目录窥见。每节对读者的数学背景知识的要求不尽相同,对一部分读者来说,某些节的内容或嫌过深,不易明白,甚至会出现不熟悉的术语。不过,若只求大致了解,那不会构成太大的障碍。总的来说,只要具备中学程度数学的知识,应能看明白大部分数学内容;若具备大学程度的数学知识,应能看明白全部数学内容。

　　在序言里,让我说极少作者会在序言里说的话,即是告诉读者这本书并不讨论什么! 但不讨论的,绝对不表示不重要,只表示作者本人的无知。首先,这本书没有教读者怎样去证明数学定理,或者证明数学定理有什么诀窍。我假定读者已经作过不少数学证明,对证明这项数学活动有一定程度的认识。其次,这本书也没有从逻辑的角度讨论何谓数学证明。要认真讨论这个技术味道很浓的问题,非我力能胜任,亦不符合这套"丛书"①的编写宗旨。再次,这本书也没有正面接触数学证明的哲学意义,虽然任何关于数学的哲学必须对数学证明有所交代。好了,作过上述的消

---

　　① 《数学方法论丛书》,徐利治主编,共有 13 册,在 1989 年至 1990 年间陆续由江苏教育出版社出版。

极声明后,我应该补充说,要讨论数学证明,不可能完全避开上述的三个范围,因此读者在以下章节的字里行间还是会见到它们的影子。

读者会问,那么这本书究竟谈些什么?当我最初下笔的时候,我曾想过采用一个奇特的书名《证明乃证明乎?》。后来觉得那是标新立异,哗众取宠,也就打消了这个念头。写完后却想到另一个较贴切的书名,但由于冗长,也没采用,那是《从历史上的数学文献观看数学证明》。实际上,这个冗长的书名才比较如实地反映了本书的内容。这个构思其实潜伏了很久,正好借着写作本书予以整理。说来话长,15 年前我在美国一所大学里教书,有一天系主任匆匆跑来告诉我有位同事跌伤了腿,得休养一段日子,要我代他的课。原来没有人愿担那门课。当时我是系里年资最浅的一员,"苦差"自然落在我的肩上!不过,焉知非福,这份"苦差"对我来说竟成了最好的学习机会,更影响了我对数学的整体看法,甚至使我对数学产生了更强烈的信念和热爱。为什么没有人愿担那门课呢?原来那门课美其名为"数学欣赏",实则是厌恶数学的人被逼修的数学课。它只是为了让学生取得足够的学分毕业(美国的大学教育主张通识教育,不论主修何科,规定学生必须选修若干文史科目与数理科目等等)。上课的第一天,一百五十多位学生劈头便嚷:"我又不需要使用数学,学它做什么?"顿时令我哑口无言!

这促使我开始从一个不需要使用数学作为工具的人眼光去想这个问题。通过大量阅读与反复思量，我认识到哲学的反思与历史的反思的重要，尤其从数学史获得不少启发，这就是我对数学史产生浓厚兴趣的原因。在 1976 年，我把自己当时一些犹未成熟的想法写成两篇文章，题为："厌恶数学的人的数学课"（Mathematics for math-haters，发表于 *International Journal of Mathematical Education in Science and Technology*，Vol. 8，1977 年，17-21 页）和"数学发展史给我们的启发"（发表于《抖擞》双月刊，第 17 期，1976 年，46-53 页）。之后基于这些想法陆续写了一些文章，并撰写了一本小册子《为什么要学习数学——数学发展史给我们的启发》（学生时代出版社，1978 年；修订本，九章出版社，1995 年）。到了 1984 年重新整理自己的思想，写成了"历史、数学、教师"（{History of [(Mathematics)] Teachers]），原文没发表，法译文刊登于 *Bulletin de L'association des Professeurs Mathématiques*，No. 354，1985 年，304-319 页），又在 1986 年写成"谁需要数学史"（发表于《数学通报》第 4 期，1987 年，42-44 页）。这两篇文章可说是我十年来学习与反思的汇报。就在这个时候，徐利治教授来函提及编写《数学方法论丛书》的计划，并问我愿不愿也写一本。这是一项非常有意义的计划，我虽自知能力有限，但觉得应该尽力支持，况且写书正是督促自己好好学习的机会。近代英国作家查斯特顿(G. K. Chesterton)说过:"值得做的事即使做不好也值得做(If a thing is worth doing, it is worth doing badly)。"本着这句话的精神,我答应了徐教授为"丛书"写一本。在这里我要向他道谢,给我这个学习的机会和一直给我的鼓励。不过,我错估了自己的工作效率与可供写作的时间,以致把交稿期限一拖再拖,谨在此向江苏教育出版社的何震邦先生和王建军先生衷心致歉,幸得两位编辑的体谅及帮助,我才能安心完成书稿。话虽如此,真正下笔那段日子,回想起来也是挺紧张的。在日常的教学及研究中挤出时间,一有空便埋首写作,大部分时间都磨在系里工作间。在这方面,我也得感激妻子凤洁及恒儿对我的体谅和支持。还有多位这些年来在数学及哲学问题上给我指点和提供数据的中外师友(包括那些只在书信往来上交流意见的朋友,甚至只曾读其书无缘当面讨教的作者),亦一并在此向他们表示谢意。

最后,我想提及几个本拟纳入写作计划却结果没有谈论的题材。第一个是机械化证明。最先引起我兴趣的是吴文俊教授著的《几何定理机器证明的基本原理》(科学出版社,1984年),后来蒙吴教授在1988年春寄赠文集(《吴文俊文集》,山东教育出版社,1986年),更被其主题吸引了。他说:"作为数学两种主流的公理化思想与机械化思想,对数学的发展都曾起过巨大的作用,理应兼收并蓄,不可有所偏废。"尤其他指出,中国古代数学,乃是机械化体系的代表,与古希腊数学之演绎推理典范,其实各具特色,各为数学发展作出了巨大的贡献。这点更增进了我的兴趣。与此有密切关系者是第二个题材,就是 1960 年代后期由已故美国数学家毕晓普(E. Bishop)倡导的构造性数学。毕晓普继承了由克罗内克(L. Kronecker)至布劳威尔(L. E. J. Brouwer)诸人发展起来的数学哲学直观主义流派,但打破了前人仅限于批判经典数学的框架,指出经典数学并非无用而只是未臻完善,有待且可以进行数学上的修补。这也带引我们至第三个题材,即是数学的两种面目——理论方面与算法方面,两者之间的关联与相互作用。这是很值得探讨的问题,在电子计算器介入数学领域后,这个问题显得更有意思也更趋迫切了。去年 8 月在匈牙利举行的第六届国际数学教育会议上,著名的匈牙利数学家罗瓦兹(L. Lovász)作了一个题为《算法化数学:旧事新谈》的大会报告,指出了算法思想将为数学教育带来新观点并产生影响。另一篇值得参考的文献是一个正反双方辩论的论坛,题为《算法方式顶呱呱!》(刊登于 *College Mathematics Journal*, Vol. 16, 1985 年, 2-18 页)。第四个题材与前述三个还是有关的,就是算法的复杂性理论,讨论某种算法是否有效,对某种问题是否存在有效的算法。第五个题材是较近期的发展,叫做"零知识证明"(zero-knowledge proof),我还是在 1986 年夏天在美国柏克莱举行的国际数学家会议上初次听到的。说来像很玄妙,这种证明不把证明公布却仍能说服对方的确证明了命题! 在计算机专家的圈子里,这是个热门话题。以上种种,都是我在构思期间、写作期间和学习过程中碰到的材料,但只能浅尝,未能深入理解。我总想找些时间多学一点,但至今办不到,只好把它们定作学习目标,继续探索吧。

数学上有种方法叫逐步逼近法,就是逐步接近解答。就某种意义来说,本书是运用这种方法进行了第一步逼近,写下了一些个人这些年来的学习笔记。还有更多有待学习和思考的问题,只好期诸来日。本书希望表达的一个主题,是学习与理解是连绵不断没有终结的过程,在写作期间我深切体会到这一点! 未做的希望做下去,已做的现在摆出来,就是以下十章的内容。错漏自是难免,还望读者不吝赐教,指出这些错漏,批评斧正。

萧文强

1989 年 2 月于香港

《数学证明》再版序言

22 年前得到徐利治教授的鼓励和支持,我着手写作《数学证明》这本小书,并于 1990 年作为徐教授主编的《数学方法论丛书》(江苏教育出版社)第二辑其中一册出版了。
22 年后竟然又再得到徐教授的支持,把这本小书重刊,作
为他主编的《数学科学文化理念传播丛书》(大连理工大学
出版社)其中一册,令我满怀高兴,更心存感激。

说来凑巧,台湾九章出版社的孙文先先生对这本小书
也十分支持,他建议出版一个修订本,并于去年冬天出版
了。读者如今看到的,就是那个修订本,内容与第一版大致
上没有很大更改,只是添加了某些 20 年前犹未曾晓得的数
学结果(称作"后记")。

说来惭愧,20 年后的再版,本应有所更新,我却做不
到。尤其原版序言后面提及好几项本拟纳入写作计划却没
有谈论的题材,当时期诸来日作整理,如今仍然没有兑现!
除了学问没有长进这个主要原因外,我只能推说 20 年来的
时间工夫,忙在别的方面吧。

不过,有几项与数学证明这个主题很有关系的工作不
妨一提,或者可以说明重版此书与数学科学文化理念有何
关系。

(一)我最近写了一篇文章,题为"Proof as a practice of
mathematical pursuit in a cultural, socio-political and in-
tellectual context"(在文化、政治、社会、知识的层面观看
证明这项数学活动),将刊登于德国数学教育学报 *Zentral-*

batt für Didaktik der Mathematik 上①。文章采用四个例子说明题目标示的主题,用意在于显示数学乃人类文化活动之一环,它的发展也就难免不受到别的文化活动所影响,亦难免不对别的文化活动带来影响。因此,在教学上,我们不应无视这方面而仅将数学视为一种技能去传授而已。那四个例子是:

(1)在 15、16 世纪之交,弥漫于西欧航海探索年代的冒险奋进精神,给科学和数学研究注入新思维;

(2)中国三国魏晋南北朝时期的政治局势与哲学思潮,带来"士"这个阶层的群体自觉和个体自觉(按照历史学家余英时先生提出的说法),孕育了当时中国数学家的治学态度和方式的转变,代表者如刘徽及祖冲之父子;

(3)通过西汉时期的著述《淮南子》书内的量天之术,对道家思想于中国古代数学带来的影响做了一些说明;

(4)古希腊欧几里得(Euclid)的经典巨著《原本》(*Elements*)在西方文化有其特殊的重要地位,该书在 17 世纪初传入中国后,在中国文化的影响又是怎样?

(二)去年正好是《原本》翻译成中文的 400 周年纪念。际此盛会,为了纪念这一桩中西数学交融的重要历史事迹,2007 年 11 月在台湾举行的一个会议上我作了一个讲演,

---

① 已刊于 ZDM,2008(40):355-361。

写成了"'欧先生'来华四百年"一文,刊登于 2007 年 12 月的《科学文化评论》第 4 卷第 6 期(12-30 页),当中自然要提及数学证明这个观念在古代东西方的异同。

(三)第 19 届 ICMI Study(国际数学教学委员会专题研究)定为"Proof and proving in mathematics education"(证明在数学教育),工作会议将于 2009 年 5 月中旬在台北市举行,数学证明在东西方文化的异同以及由此衍生对课堂上教学的启迪,将会是会议的一项议题。

最后,我想起俄罗斯数学教育家沙雷金(Igor Fedorovich Sharygin)的一句话:"数学境界内的生活理念,乃基于证明,而这是最崇高的一种道德概念。"这句话正好呼应《数学证明》书内(第一章第 5 节)引用法国数学名家韦伊(André Weil)的另一句话:"严谨之于数学家,犹如道德之于一般人。"

萧文强

2008 年 3 月 22 日于香港

第三篇　数学文化

"1,2,3,…以外"

——一点数学普及工作的经验①

一、前　言

　　"1,2,3,…以外"是一套由香港大学数学系摄制的幻灯短片,旨在向一般观众介绍数学是一门什么样子的人类文化活动(幻灯片旁白脚本见附录)。我们是这项工作的参与者,从孕育制作这套幻灯短片的念头以至真正着手去干,在

_____

　　①　本文原刊于《抖擞》双月刊第 42 期,1981 年 1 月,69-74 页。该套幻灯片是将近 30 年前的制作,以今天的科技水平而言,是相当过时了。内容也似"怀旧"居多,有不少可以作更新,以切合数学应用日新月异的进展。不过,幻灯片欲表达的中心思想,可是历久常新。幻灯片获颁 1981 年英联邦数理教育工作者协会(Commonwealth Association for Mathematics & Science Educators)奖状。与丁南侨合写。

整个过程当中,体验了数学普及工作的滋味,一得愚见姑且录下。尤其因为这套幻灯短片的制作在人力、物力、财力方面都受到一定的限制(例如人手短缺、制作时间匆促、其他教学工作上也有要求、图片资料缺乏、制作费用需要考虑,等等),所以制成品的水平肯定不高,但同时它却说明了"自力更生"也可以做到什么。我们觉得有不少现成的电影或者电视片的制作规模及水平都比这套幻灯片强得多,因而它们发挥的作用也大得多,效果也好得多。如果条件许可的话,能够购置或者租用这些影片,当然是最好不过。然而很多时候为了售价昂贵(通常一套外国的彩色 16 mm 放映 25 分钟的数学电影售价约为港币 3 000 元),或者为了租用上的不便(大部分出租这类电影的公司是在外国经营,邮寄上很麻烦),我们没有办法享受这些便利。在这种情形底下,我们是就此罢休抑或在本身能力所及的范围内设法"土法上马"呢? 要答复这个问题,我们必须先认识到数学普及工作的重要,否则谈下去也没有什么意思。如果我们不认为有需要做好数学普及工作,那么有现成的电影便看看,没有嘛不看亦无所谓,又何必花气力去搞什么呢?

二、数学普及工作的重要

大家都不会否认数学在科学研究、技术发展、甚至社会科学、企业管理上的贡献,然而,矛盾的地方就在于大家往往只见到这些成就而忘记了数学本身。美国《科学》杂志(*Science*)的编辑 A. Hammond把数学称为"那看不见的文化",美国数学家 P. R. Halmos 更曾经埋怨过"很多受过教育的人竟然不知道我的学科的存在,使我十分伤心!"当然,这不是说大部分人真的不知道有数学这回事,而是说大部分人并没有了解数学是怎么的一回事。受过普通教育的人,即使不是艺术家也知道有雕刻、绘画……;即使不是音乐家也知道有歌曲、旋律……;即使不是文学家也知道有诗、小说……;即使不是科学家也知道有核能、蛋白质、微生物、行星……。但有多少人知道什么叫做函数?公理系统?可换群?布尔代数?流形?……。为什么会这样呢?其中一个原因是数学有它悠久的历史,当近代物理、化学、生物犹处于发展的初期,数学已经背上了三千多年辉煌的成就,但中小学的课程差不多只学到在这之前的数学!即使在大学里,当其他学科从 19 世纪以后的发展开始推向 20 世纪的最新发现,大部分学生的数学知识却终结于 19 世纪初期!于是,数学渐渐形成它特有的一套语言,使非数学工作者感到难于亲近。同时,数学是一门累积的知识,它的过去将永远融会于它的现在以至未来当中,加上它也的确有抽象思维的本质,要真正了解它学习它需要付出一定的时间和努力。显然,我们不能要求所有人付出这样的时间和努力,但要明白数学是一门什么样子的人类文化活动和它的社会作用,却是可以办到的。所谓普及数学,目标亦在此而已。为什么要这样做呢?我们认为有两个原因。首先,数学既然是这样重要,一般人的数学水平便必须提高,而提高乃基于普及。其次,如果一般人对数学没有认识,便会做成社会对数学活动漠不关心,尤其如果处于高位有决策权力的人对数学没有认识的话,影响就更大了,甚至妨碍了数学的健康发展。历史告诉我们,数学发展的迟滞会带来科技甚至文化发展的迟滞,我们愿意见到这种情形吗?

三、制作幻灯短片的经验

普及数学可以通过不少途径,例如编写普及数学读物、举办普及数学讲座、举办数学展览会、摄制数学电影或者幻灯短片。为什么我们选择了幻灯短片这个办法呢?首先,那是为了客观上的要求,我们打算在大学开放日期间(1980年 11 月 8 日,9 日)举行一项节目。但能够在两天连续举行的节目,一是展览,一是电影或幻灯短片。因人手、时间、资源的限制,展览是办不成的,便只剩下电影或幻灯短片这两个选择。幻灯短片有个好处,是制作上较富弹性,必要时分段制作甚至少一些幻灯片也可以,而且事后还可以更改删添幻灯片以作改善。同时我们也计划日后把制成品借给对此感兴趣的中、小学放映，作为课余的数学活动。在这方面来说，幻灯短片比电影是较方便的。我们在大学开放日期间放映这套幻灯短片的时候，是使用一部可以交替放映并且配备溶镜及幻灯片录音带同步控制系统的放映机，所以某些镜头取得类似电影的效果（例如蜂房形状、交通灯转灯号）。但这并非是必需的，即使一部普通幻灯片放映机加上一部普通录音机，就已经够用了。

这次我们制作这套幻灯短片，时间上来得有些匆促。本来在年初我们已经有这个构想，但因为大家一直为了其他教学上或科研上的任务忙碌，没有时间把构想付诸实行，直至暑假完了大家才有机会集合在一起讨论这项工作。不过，暑假的时间也不是完全没有利用，大家在那两个月内各自找了一些普及数学读物和一些较深入地讨论数学本质和应用的文献阅读，既为这项工作做好准备工夫，也为了加深个人对数学的认识。关于这类文献，已有不少"经典之作"，与其冒着挂一漏万之险去逐一胪列，不如提供一本"材料的材料集"，就是：*Annotated Bibliography of Expository Writting in the Mathematical Sciences*（M. P. Gaffney and L. A. Steen（ed.）*Mathematical Association of America*，1976）。

还有三本向普罗大众介绍数学的书本，是颇有名的，就是：*Mathematics for the Million*（L. Hogben，Allen &

Unwin, 2nd ed. , 1937）, *Mathematics in the Making*（L. Hogben,Rathbone Books,1960）, *The Language of Mathematics*（F. Land,John Murray, 1960）。

有两本近年出版的新书,内容比前面三本较深入,也值得介绍,就是: *Newer Uses of Mathematics*（J. Lighthill (ed.), Penguin Books, 1978）和 *Mathematics Today*（L. A. Steen（ed.）,Springer-Verlag, 1980）。

此外,有一些较为少人知道而对我们这次工作是很有帮助的文献,不妨顺带列出来:《物体形状漫谈》(李贺,上海人民出版社,1976),《为什么要学习数学?》(萧文强,学生时代出版社,1978),《奇妙的曲线》(李毓佩,中国少年儿童出版社,1979),《人怎样计算》(王辑梧,广东科技出版社,1979),《节约的数学》(马明,中国少年儿童出版,1980),《数学的童年》(王利公,中国少年儿童出版社,1980),《数学花园漫游记》(马希文,中国少年儿童出版社,1980),You Cannot be a Twentieth Century Man without Mathematics, *The Economist*, Vol. 273, No. 7104 (October 1979): 107-114。

因为这套幻灯短片必须赶及在 11 月初举行的大学开放日期间放映(压力变动力乎?!),我们只有一个月左右的编写时间加上另外一个月的摄制时间。因此,我们的时间表可以说是定下来了,只看如何运用安排这两个月的时间吧。

我们本着集思广益的精神，尽量在工作的前段全体投入，不过随着工作上的需要，分工渐渐在后段变得较为细致。我们先确立了制作目的和观众对象，提出制作上需要注意的地方，然后各自回去构思搜材，过一个星期后再会面。第二次会面，旨在"捕捉"主意（套用一句美国广告行业的术语，叫做"brain-storming session"），谁人有任何主意便说出来，不必先经深思熟虑，再收拾得四平八稳才拿出来。有些主意可能是事前想好的，有些主意可能事前只想了一半，有些可能只是一些印象而已，甚至有些还是当场即兴联想到的东西。在这个阶段，我们不为怎样编排剪裁这些题材而操心，也不为这些主意是否合用而担忧，甚至没有考虑这些主意是否可以转变成为幻灯片！正因为没有这些拘束，过不多久黑板上已经盖满一连串的题材。望着这众多的题材，谁还会仍然认为数学是不吃"人间烟火"的"脱俗"抽象品呢？于是各人又回去思考，过了几天各自提交一份旁白脚本提纲，摆出来互相批评、讨论。渐渐地，一个脚本的雏形冒出来了，大家心里开始有种踏实的感觉，于是便开始分工。编写组负责把这个雏形脚本修饰成为一个可用的初稿，然后交给设计组计划如何安排画面，而数据组也开始搜罗图片。当然，这个过程是需要各组之间的合作，譬如碰到画面设计有困难，脚本便可能因而需要删改，又譬如脚本中不好删去的部分需要保留,数据组便得加倍努力去搜罗合适的图片。我们在 10 月初举行了第四次(也是最后一次)会议,把脚本初稿提出来讨论,集合了各人的意见后把脚本定下来,以便进行正式的拍摄、美术、配乐、录音等工作。

　　在头一次会议经过一番讨论后,我们同意这套幻灯短片的观众对象是普罗大众,并不限于那些有一定数学认识的人。目的在于向一般观众显示数学就在我们的周围,直接地间接地影响了我们的日常生活。可能的话最好还同时澄清一些普通人对数学的误解。这些误解,大体而言可以分为几项对立的二分法:有些人以为数学是枯燥无味或者深奥难懂的学问,却有些人以为数学是引人入胜的智力游戏;有些人以为数学是与现实世界毫无关联的学问,却有些人以为数学是无往不利的万应灵丹;有些人以为没有直接应用价值的数学只是钻牛角尖的玩意,却有些人以为只有纯理论才配称得上数学的美名。显然,要触及这方面的问题,我们不能避免涉及数学本质的讨论,因而对观众数学认识的要求也随而必须提高,这与头一个目的有冲突。最后我们决定还是把头一个目的视为主要,把后一个目的视为次要,主次有序才好办事。

　　既然观众对象是普罗大众,幻灯短片的内容必须力求趣味性高、画面必须力求吸引力强,同时叙述旁白必须力求浅白大众化。所以我们尽量避免技术性过高的讲解，甚至尽量避免使用过分专门的数学名词。不过这却引出另一个问题来，就是如何显示数学的力量？假如在全套短片都没有数学公式和数学符号出现，观众便只见到日常生活、自然美景和科技成就的幻灯片，会不会由此减弱了对数学这个主题的注意呢？我们的解决办法有两个。我们在某些幻灯片上添加美术设计，突出它们的数学内容（例如在买菜的幻灯片上画了一些加减乘除的算式、在学生上课的幻灯片上画了一些数学习题、在建筑架构上以鲜明颜色涂上三角形、在鹦鹉螺上涂上螺线、在雷达天线上勾出抛物面和它的轴、在蜂房上标上角度，……）。另外，我们在适当的地方加入一些有数学内容的幻灯片（例如某本数学书籍的封面、某份数学文献的一页，……）。又因为我们要说明数学与日常生活的关系，幻灯片的内容必须包括一些大家在日常生活上所见所闻的事情，与观众的生活体验相结合，加强观众的投入感。例如我们在短片起首选了买菜、支薪、甚至"六合彩"的镜头（最后一项也是针对在这个赌风弥漫的社会里一般人对数学用途的误解有感而发的），在中段加入财经电视新闻、香港的建筑、地下铁路、巴士站、启德机场的镜头。而且我们尽量到街上拍摄这些幻灯片而没有利用外国书本上的现成图片，目的也在给予观众一种"亲切感"。

整套幻灯短片的放映时间只有 20 分钟左右，过短则不能容纳适量的材料,过长则不易吸引观众的注意力。在这20分钟内,我们需要顾及节奏的快慢和高潮的分布,所以编写脚本的时候不能不着意安排段落与段落之间的转接及每个段落里面材料多寡的安排。这套短片的开头首先以几个与日常生活有关的画面带出一些问题,然后总结到"数学还有它更广阔的天地"这句话作为以后叙述的开端,接着便是一连串节奏颇快的例子(占了差不多30张幻灯片,是全部幻灯片的1/4),旨在予观众一种"冲击"。呼应前面那句话。我们选了蜂房作为最后一个例子,目的在于转入下一段。下一段节奏转缓,说明数学历史源远流长,几千年来一直为人类服务,在科学上技术上作出了重大贡献。脚本利用弦线振动的问题,把数学发展从古代拉到近代,节奏渐渐加快,引出又一连串的例子。于是进入后半段,依次举出数学应用方面的一些事例,从环绕我们周围的金融、经济、建筑、交通以至比较没有那么直接的战争、天气预报、计算机、宇宙航行计划,进入了另一个高潮。最后,复归平静,脚本重复前半段提过的主题,即是从古至今的数学发展都为认识自然而努力,然后脚本引用一句稍带哲理味道的短语结束全片。

通常,观众在看完一套影片后,对影片的后半部比前半部有更深刻的印象,因为观众对影片的投入感需要培植的时间,所以后半部比前半部是较容易清晰地残留在观众的脑海里。因此,我们应该尽可能把影片的中心思想放在影片的后半部。如果要令观众更好抓着这个中心思想,最老套然而也是最有效的手法便是在影片的末段来一个总结性的说明,概括地点出影片的中心思想。我们制作这套幻灯短片的时候,也曾考虑过这个做法,但结果没有这样做,因为我们觉得如果要达到普及目的,便不应该以"说教式"口吻把自己的想法强加于人家的脑子里。我们只打算让观众多接触一些例子,扩阔观众对数学的视野,希望他们因而以后对数学多留意一下。至于观众看完这套幻灯短片后对数学抱着什么样的看法,那便是我们的努力是成功抑或失败的最终考验了。

四、结　语

最适当的结语,莫如事后的检讨。我们觉得这套短片的一大缺点,在于"虎头蛇尾",后半部比前半部的调子较散漫、幻灯片较呆板、剧情转接较牵强。此外,中段而后不时出现"冷场",旁白叙述了好一会儿幻灯片仍然没有转换(例如叙述古代人各种数学活动时引用 Raphael 名画"雅典学院"那张幻灯片)。还有一个相对来说是较轻微的缺点是某些幻灯片选得不贴切,甚至选错了(例如叙述人类首次踏足月球的时候,放映的并不是 Apollo 11 号而是再隔两年后的 Apollo 15 号的幻灯片）。不过，正如前面说过，只要抽掉不适当及添加较令人满意的幻灯片，便可以部分地补救这些缺点了。但有一点是无法补救的，是我们因经验不足及时间匆促，事前计划未够周详，招致不必要的浪费（例如多用了照相胶卷和录音带）。其实，制作一套这样的幻灯短片，约需港币 200 元便可以的。

最后，我们必须向协助这项工作的同事道谢，特别是以下各位：陈捷敏、钟诗杰、何国汉、李润明、梁家显、梁明缨、黄家鸣。

附录 "1,2,3,…以外"旁白脚本

打从我们懂得说话起，我们便跟数字打交道。我们懂得伸出手上五个小指头，"1,2,3,…"这样数。待我们年纪稍长，除了 1,2,3,… 以外，我们多学了一点数学。有些害怕数学的小朋友，可能从那个时候开始就讨厌了这门学科。但在你的心目中，数学究竟包含了什么呢？数学是否就是用来计算一斤菜和半打鸡蛋卖多少钱？或者用来计算每个月的收入减去支出还剩下多少？数学是否就是用来测量土地？或者用来计算筑房子、建天桥需要多少材料？数学是否就是用来计算"六合彩"中头奖的机会？或者用来解答一些绞脑汁的游戏？抑或数学就是解方程、计算积分或者作

圆、作三角呢？

　　其实，除了这些，数学还有更广阔的天地。你有没有想过，你根本是生活在数学的世界之中？例如，你看，供给我们光和热的太阳，为我们夜空添色不少的月亮，连同我们身处其上的地球，都是球体。升空的气球，小孩子爱吹的肥皂泡，圆珠笔尖上的金属珠，机器轴承上的滚珠，也是球体。体育活动用的大大小小的球，固然是个球体；各式水果、很多植物的果实、清晨叶上的露珠，基本上也是个球体。即使你现在用来看这套幻灯短片的眼珠，不也是个球体吗？而球体就只是数学上千千万万的研究对象其中之一。

　　还有，你有没有留意到，化学晶体的结构都是有几何对称的多面体，鹦鹉螺的剖面呈现一条对数螺线，海星的形状是个五角星，牵牛花缠绕篱笆生长是沿着一条螺旋线，螺丝帽是个正六角形，雷达天线是个抛物面，铁闸是由很多菱形组成，桥梁的支架是个三角，很多装饰图案基本上是互相扣合的正三角形、四方形或者正六角形，光线反射时它的入射角正好等于反射角，行星绕太阳运行的轨道是个椭圆，支配遗传的 DNA 的分子结构是条双螺旋线，蜂巢是由很多正六角形的蜂房砌成。蜂房的底部就更有意思了，每个正六角形的蜂房并不是一条六角柱，它的底部是由三个全等的菱形组成，而且每个菱形的角都是 $109°28'$ 和 $70°32'$。从数学计算可以知道原来这是最省材料的结构，想不到蜜蜂竟然是那么聪明！

不过,人类比较蜜蜂是更加聪明。我们懂得更多的数学,利用数学解决更多的问题。事实上,在四五千年前我们的祖先已经懂得这样做了。这是著名的金字塔,就是古代埃及皇帝的坟墓。规模最大的一座是在四千八百多年前建成的,绕塔一周约一公里,塔高146.5米,在1889年巴黎铁塔落成之前它一直是世界上最高的建筑物！建一座金字塔要用几十万人、几百万块巨石、几十年的时间。从设计、测量、计算以至施工,其间要用上多少的数学呢？我们对古埃及的数学也知道不少,因为当时的人把他们的数学知识记载在以纸草做成的书卷上,有些一直保留到今天。最著名的一份,就是这份"莱因书卷",现珍藏于伦敦的大英博物馆里。还有其他古代文化,它们的数学内容也是丰富而多姿多彩的。例如,这是古代巴比伦人刻在泥板上的计算,这份是古代中国的数学名著《九章算术》,这份是古代希腊的数学名著《几何原本》,这份是古代印度的数学文献。当时的人已经懂得观测天象、制作历法、计算税收、测量土地、绘画地图,而这种种活动都要用到数学,就好像我们在小学中学时代学过的算术、代数、几何、三角。

当时的人还晓得可以运用数学去了解物理现象,例如公元前6世纪古希腊的数学家发现一件有趣的事情:如果拨动几根长度互相成整数比率的弦线,它们会发出和谐悦耳的音调。过了两千多年后,这个关于弦线振动的问题再度成为热门话题,吸引了不少 18、19 世纪的著名数学家的注意。到了那个时候,因为数学有了更深刻的发展,我们才对这件事情明白得更加透彻。这类问题要用到的是可以用来研究变动状态的数学。在中学时代你会听过"微积分"这个名词吧?它可以说是一门比较年轻的数学学科,是等到 17 世纪中叶才成长起来,只有三百多年的历史!有了微积分,我们可以解决更多的问题,因为它是研究变动状态的数学工具。例如,我们可以计算炮弹的弹道,我们可以计算行星的轨道,甚至由此预测还未发现的行星,好像海王星便是这样在 1845 年用笔和纸找出来的!我们又可以估计人口的增长情形,我们可以找出怎样用同样的材料做出容量最大的圆罐。我们可以利用微分方程去了解电和磁的关系,事实上这是 19 世纪数学和物理学上一个了不起的成就,由理论预见了电磁波的存在,促使科学家在实验室去找寻它。果然,隔了 27 年后,科学家找到了电磁波,并且利用它实现了无线电通讯的梦想。还有很多很多其他的例子。

时至今日,人类的文明越进步,要用到数学的地方也就越多了。每天的电视新闻必定包括一段财经消息,大家一定常常听到股市价格、恒生指数、银行贷款利率等等的字眼儿。如果打开一本时事杂志,也会常常读到国民生产总值、生产曲线、贸易差额这类名词,有时更会看到一些图表显示一些统计数字。虽然未必每个人都清楚了解这些名词和数字的含意，但大家都明白它们与我们的生活是息息相关的。不过，数学在经济上的用途又岂仅是这么几个名词呢？有一门叫做"计量经济学"的研究，便是使用数学方法来探讨经济理论以帮助规划经济政策。1973 年，还有 1980 年的诺贝尔经济学奖便是颁给以数学理论去研究经济系统的学者。

　　经济活动与建筑业有密切的关系，住在香港的人不会不明白这一点，香港高楼林立，形形色色，地下还有地下车站和铁路，海底又有隧道，这些结构是包含了不少的数学。拉远一点看，世界上其他都市的一些著名建筑，例如号称世界最高的商业大厦——纽约的世界贸易中心、南京的长江大桥、西雅图的高塔、洛杉矶的 geodesic 圆拱建筑、赫尔辛基的芬兰大会堂、华盛顿的国立美术博物馆，这些建筑用途不同设计各异，背后是蕴藏了不少的数学。环绕着各类型建筑物的街道，贯连一个地区和另一个地区之间的公路，在设计方面又何尝不是要用到数学呢？要好好估计车辆和行人的流通量才可以好好地计划在什么地方建立回旋处，在什么地方架设天桥，路面要分为多少条行车道，在什么路口布置交通灯，交通灯隔多久才转灯号，交通运输也一样要用到数学去计划怎样调动公共车辆，行走什么路线。又例如在一个大都市的机场，在交通繁忙的时刻，航机穿梭往来，几乎每隔半分钟便有一班航机起飞或者降落。怎样计划各航机的路线？怎样估计航机可能误点的时间？怎样缩少航机排队等候起飞的时间？这样做不单单是为了减少混乱，更加是为了乘客的安全。这样使用数学来组织一个系统的运行操作，是近三四十年来应用数学的一个主要发展，叫做"运筹学"。

提到"运筹学"，你一定想到军事吧？正所谓"运筹帷幄之中，决胜千里之外"。没有错，运筹学的确是第二次世界大战的产物。当时英国遭受德国的猛烈空袭，为了保土卫国，必须想办法把己方有限的防空设备、资源和人力作有效的使用。于是一群数学家运用他们的专长去分析和计划，把人力物力发挥最高效率。现代军事不只讲求有勇有谋，还要注重科学技术。譬如说，天气情况便是一个需要考虑的因素。古代将领也讲"天时、地利、人和"，但古代人对天气预测的本领是远不及现代人的。1944 年 6 月 6 日盟军登陆诺曼底，扭转了第二次世界大战的整个战局。当时盟军统帅当机立断，把握了恶劣天气中间一段稍微好转的短短机会，进行了这一役规模之大乃史无前例的渡海反攻战，其中军方气象工作人员的功劳也不容忽视呢！

过了三十多年后的今日，天气预测不再单靠仪器去量度和探测了，还用上更多的数学，或者利用微分方程去了解大气层的气流状况，或者利用数理统计去分析累积起来有关天气的数据,由此作出天气预报。无论是运筹学或者是数理天气预报,其中涉及的数据都是十分多的,计算也是十分繁复,如果不是有了电子计算机的出现,恐怕只好停留在"纸上谈兵"的阶段！电子计算机又名"电脑",它是按着一定的程序来操作和计算的工具,在某个程度上来说就好像懂得用脑思考一般。现代电子计算机不只能接受命令,甚至懂得学习、懂得吸取经验、懂得做一些简单的思考。有关这方面的研究,叫做"人工智能",于是电子计算机越来越似"脑"了。不过,其实它始终需要人去指挥它,它有多么聪明就因为人有多么聪明。电子计算机的操作,内里文章又是数学。

电子计算机的出现,也帮助人类成功地进行宇宙航行方面的尝试。你记得吗？在 1969 年 7 月 20 日人类首次踏足在月球上,这是本世纪科技进展的一个里程碑。宇宙航行计划,除了是对未知的探讨,除了是有开疆拓域的意义外,还为我们带来不少技术上的新发明,例如通讯卫星、医疗技术、信息编码、合金材料等等。你有没有想过？即使发射一枚小小的卫星上天,已经用上不少的数学。例如怎样发射才能使它按照计划中的轨道行走,运行当中的自动导航系统就更非计算机不行。我们隔这么远来控制它,它收集了什么信息又隔这么远才传达到我们这儿,需要用到遥控和通讯理论,又是非用数学不行。信息经由电波传来,中间一定会受到各种干扰,怎样才知道原来的信息是什么?这是现代编码理论要研究的问题,而编码理论需要各式各样的数学工具。还有,地面控制中心是个庞大的工作单位,甚至是几个互相配合操作的单位。怎样周详地计划、联络、分工,这又需要用到数学了。

数学就是这样子,它就在我们的周围,直接地间接地影响了我们的日常生活。它的过去、现在、甚至可以预测它的将来,永远是如此多姿多彩。从几万年前人类望着星罗棋布的天空以至今日人类逐步扩展对星空的视野,数学一直是我们认识宇宙规律的好帮手。难怪有一位数学家说:"数学是一门非常古老的学科,但也是一门非常蓬勃的学科,它的活力就是永恒的青春。"

从数学奥林匹克谈起^①

　　两千多年前有位希腊国王托勒密问当时最负盛名的数学家欧几里得:"学习几何(当时泛指数学)有何快捷方式?"欧氏直率答道:"几何无王者之途。"原来当时平民只能走普通的道路,另有专为王者而建的宽坦大道,走来自是快捷多了。但在数学面前,人间权贵又算得什么?

　　就教育观点而言,欧氏的答复指出了为学必须认真踏实,刻苦钻研;尤其于数学,单作壁上观,终究隔一层,要真正一窥数学殿堂之美,掌握数学神奇之用,只有自己动脑动手。

　　很可惜,有时一些过量且刻板的作业布置,使大部分的

――――――――

　　① 原文刊于《远见杂志》,1992 年 7 月 15 日,143 页。

学生觉得数学既枯燥乏味，又困难艰涩，对它畏而远之。即使那些吃得消这种操练的学生，也容易养成死背公式、硬套技巧的习惯，逐渐失掉灵活运用知识的本领。

一、竞赛优胜不等于成功

数学竞赛的一个目的，本来是为了替"做"数学这回事增添一股活泼生气，激发学生好疑爱思的习惯，从而对数学产生兴趣。只要参加者是旨在参加而非一味追求胜利，不要以为数学竞赛优胜即等于学习数学成功，那么数学竞赛不失为一项有意义的活动。

以上是四年前，当香港首次参加国际数学奥林匹克竞赛时，我的一点个人感想。近日访问"中央研究院"数学研究所期间，与友人谈及台湾于今夏首次参加国际数学奥林匹克竞赛，这些感想再度浮现出来，但这次我可没有四年前那么乐观。

证诸过去四年的香港经验，虽然每年选拔了好几名颇富数学机智的年轻人，为香港挣得几面奖牌，但可没见到如何借着这项活动，在中学师生群中诱发出那股活泼生气，也没见到如何借着这项活动营造出一种数学文化气息。

究其原因，多数人仍只视数学为一种工具、一种技能而已。数学竞赛并没有改变，反倒加强了这种印象，甚至有人以为这些难题便是数学巅峰，叫人更加难以亲近。

数学在一般人心目中占什么地位呢？大家都不否认数学在科学研究、技术发展、社会科学、企业管理上的贡献，矛盾却在于大家只见到这些成就，而忽略了学习数学本身的意义。

许多人或者不了解数学是怎么一回事，或者只捕捉了数学的片面零碎印象，便以偏概全。受过普通教育的人，即使不是文学家也知道有诗词、小说，……；即使不是历史学家也知道有贞观之治、法国大革命，……；即使不是科学家也知道有核能、病毒，……；但多少人知道有函数、流形、可换群、公理系统，……？许多人知道谁是毕加索、贝多芬、李白、孙中山、爱因斯坦；但多少人知道谁是欧拉、高斯、黎曼、庞加莱，……？

二、不以"数学冷漠症"为耻

再者，许多人不高兴别人指出自己对艺术、音乐、文学所知甚少，却毫不介意别人指出他对数学一窍不通。许多人甚至自认不懂数学，说这话时，纵非喜形于色，至少心安理得。

三国时魏人刘徽《九章算术注》序道："虽曰九数，其能穷纤入微，探测无方。至于以法相传，亦犹规矩度量可得而共,非特难为也。当今好之者寡,故世虽多通才达学,而未必能综于此耳。"一千七百多年后,这种"数学冷漠症"还是一样,数学教育工作者对于导致这种现象的原因,能不深思乎?

数学与我何干^①

大家都不会否认数学在科学研究、技术发展、甚至社会科学、企业管理上的贡献,矛盾却在于大家往往只见到这些成就而忘却了数学本身。美国《科学》杂志(*Science*)的编辑哈密蒙特(Allen Hammond)将数学形容为"我们看不见的文化",美国数学家哈尔莫斯(Paul R. Halmos)更埋怨说"很多受过教育的人竟然不知道我的学科的存在,使我十分伤心!"当然,这不是说大部分人真的不知道有数学,而是说大部分人并没有了解数学是什么。受过普通教育的人,即使不是艺术家也知道有雕刻、绘画,⋯⋯;即使不是音乐家

① 原文刊于《数学传播》第 32 卷第 4 期(总 128),2008 年 12 月,30-32 页。

也知道有歌曲、旋律、……；即使不是文学家也知道有诗、小说、……；即使不是科学家也知道有核能、蛋白质、微生物、行星、……。但有多少人知道什么是函数、公理系统、可换群、流形、……？再者，不少人虽然"耻"于承认自己对艺术、音乐、文学、科学一无所知，却"勇"于承认自己对数学一窍不通，甚至认为不通数学乃理所当然，坦白的时候，纵非喜形于色，亦必心安理得！

其实，我们根本是生活在数学的世界之中，数学就在我们周围，直接地间接地影响了我们的生活。它的过去、现在、甚至可以预测它的将来，永远是如此多姿多彩。一般人对数学的误解，大体而言可分为几项对立的二分法：有些人以为数学是枯燥无味或者深奥难懂的学问，却有些人以为数学是引人入胜的智力游戏；有些人以为数学是与现实世界毫无关联的学问，却有些人以为数学是无往不利的万应灵丹；有些人以为没有直接应用价值的数学只是钻牛角尖的玩意，却有些人以为只有纯理论才配称得上数学的美名。对于这些见解，你有什么看法呢？

很多教师都一定碰过学生提到这个问题："数学有何用？"数学应用范围既广泛也深刻，中国数学家华罗庚说得好："宇宙之大，粒子之微，火箭之速，化工之巧，地球之变，生物之谜，日用之繁，无处不用数学。"（"大哉数学之为用"，见《华罗庚科普著作选集》，上海教育出版社，1984 年，337

页,原刊于《人民日报》,1959-05-28)几年前我在一篇文章里也说过这样的一段话(*EduMath* 第 16 期,2003 年 6 月,5-6 页)。

固然,数学的价值并非单凭它在日常生活中的应用去确立,但对大众而言,这是较重要也是较具说服力的一面。但同时这一面也带来相应的困惑,就是一门学科之用,是否用得其所? 英国数学家哈代(Godfrey Harold Hardy)逝世前几年写了一本小书,题为《一位数学家的辩白》(*A Mathematician's Apology*,1940 年),字里行间一方面流露出一股"英雄迟暮"的苍凉感,另一方面很为自己选了很"纯"的数论研究而欣慰。他说:"至今为止没有人找到数论或者相对论于战争的用途,看来在很多年后也不会有人找到这样的用途 ……,因此一位真正的数学家(意指研究纯数的人)可以清心直说,他的任何工作绝无不宜成分。……数学是一门无害且清白的行业。"大家倒不要断章取义草率地得出结论,认为哈代以数学"无用"(useless)而自豪,甚至视数学的任何应用是玷污了数学的清白。要真正了解哈代的意思,你应该找原书看一看,尤其应该细读第 21 及 22 节。再者,我们也得明白哈代写作该书的时代背景,当时欧洲战火刚燃,惨痛的第二次世界大战开始了不久。要是哈代多活 30 年,他便知道数论亦非如此"无害且清白",因为密码学用上了看似最无用的数论知识! 如同别的科学家一般,数学家也无法置身事外,因为如同别的科学成果一般,数学成果既可造福人群,也可带来祸害。

密码学究竟还有民用的一面,非仅军事用途而已。在今天的商业社会里,银行账目来往,电子金融交易,都离不开它。所以,哈代亦无须过分自责。但是,数学的确有用不得其所的情况,甚至可以说是不道德的运用,以下叙述的一个例子,是我多年前读到的一则报导(《明报》,1999-7-11)。

美国通用汽车公司出产了一种型号的汽车,油缸很接近车尾保险杠,车尾被撞时容易引起爆炸。在1993年发生了一宗车祸,爆炸引致6名乘客严重烧伤,后来伤者控告汽车公司,法庭判决公司要付1.07亿美元惩罚性赔偿。控方律师指出其实公司老早便晓得设计失误,但曾经秘密进行了一次成本效益分析,计算得来这样的结果:如果把出了厂的500万部有问题的汽车收回改装,每部车得花8.59美元;如果不收回改装,有若干机会发生车祸,即使要赔偿,估算每部车仅花2.40美元。为了每部车约6美元的相差,公司便没有把汽车收回改装,终于在那宗车祸中付了相当于每部车980美元的赔偿!问题并不在于为省6美元却付出980美元,主要是生命宝贵,岂可若无其事地当作概率期望值去计算呢?

这也使我想起以下英国小说家狄更斯(Charles Dickens)在1854年写的小说《艰难时世》(*Hard Times*)里的一

段情节,小姑娘西丝(Sissy)向女少主人露意莎(Louisa)哭诉她在学校学不好数学。

"……麦卓康赛先生(Mr. M'Choakumchild)说:'这道习题是关于海上事故的统计数字。某次有 10 万人在海上远航,其中只有 500 人淹死了或者烧死了,这个百分比是多少呢?'小姐,我便答道:'这等于零了。'"

讲到这儿西丝差不多要哭出来,极端懊悔自己犯了天大的错误。

"等于零了,西丝?"

"是的,小姐,等于零了——对于死去的人的亲属和朋友来说,什么都没有了。我怎么也学不好这个科目。比这更糟糕的是:虽然我那可怜的父亲十分希望我好好地学;因为他希望我这样做,我也渴望好好地学;可是坦白说,我不喜欢学习这些东西。"

在很多数学教师的心目中,数学是"中性"的科目,只是一种有用的工具;不像别的科目,如文学、历史、社会、经济等等,数学并不涉及道德价值观。但也许,我们需要聆听学生的心声。

上面提到的是数学用不得其所的情况,但数学也可以在德育方面起一种潜移默化的正面作用。明代士大夫学者徐光启与耶稣会传教士利玛窦(Matteo Ricci)合译欧几里得(Euclid)的《原本》(*Elements*)前六卷。徐光启对该书有此评价:"此书为益,能令学理者祛其浮气,练其精心,学事者资其定法,发其巧思,故举世无一人不当学。"又言:"此书有五不可学:燥心人不可学,粗心人不可学,满心人不可学,妒心人不可学,傲心人不可学。故学此者不止增才,亦德基也。"刚于数年前逝世的俄罗斯数学教育家沙雷金(Igor Fedorovich Sharygin)对几何情有独钟,并且说过:"几何乃人类文化重要的一环。……几何,还有更广泛的数学,对儿童的品德培育很有益处。……几何培养数学直觉,引领学生进行独立原创思维,……几何是从初等数学迈向高等数学的最佳途径。"他还说:"学习数学能够树立我们的德行,提升我们的正义感和尊严,增强我们天生的正直和原则。数学境界内的生活理念,乃基于证明,而这是最崇高的一种道德概念。"今天,有多少数学教师仍然怀着这种信念在课堂上授课呢?

游泳和数学①

—②

我打算谈的是"游泳和数学"，不是"游泳的数学"。欲知如何运用数学使你在泳赛中屡创佳绩，你可得另外寻找参考材料矣。（说实在话，把"数学"换作另一门学科也成，只是大家是修数学的，我便用"数学"吧。）

选了这样一个题目，亦非没感而发。最近公众舆论不是常常谈及大学生的"学风规条"吗？我不主张以这种方法

---

① 本文其实由两篇短文合成，都是为数学系学生会刊写的，刊于2002年和2003年。

② 这一部分为2002年4月我给数学系的同学写的一则短文，刊在他们的会刊上。

管束大学生,但我也明白为何有些大学教师同情这种出于关心学风的提法。在这儿我倒不是要掀起应否这样做的辩论,而是从另一个角度看看这回事,从观察游泳池众生相谈起,旁及其他。读者也许觉得那是越扯越远,但如果你有耐性读下去,还是能够看出贯穿这些闲聊的脉络,只不过大家都不是小孩子,无谓来一笔"这个故事教训我们……"。

说到底,不少人对时下学风摇头叹息,是见到很多年轻人(1)只顾自己不顾别人;(2)态度不认真。在学业上表现出来是上课时迟到早退、谈天说地或接听手提电话,下课后不做功课或不经思考地抄功课,考试时因小故缺席却于事后要求个别补考。有些人说那是因为学生不重视课堂学习,或者觉得课堂学习沉闷,或者干脆觉得课堂学习了无意思,才会有这样的表现吧。以下我说的是学业以外的一些现象,是玩耍而非上课,而且那些场合不是学生被迫参加的,在那些场合流露上面提及的两点,不是更叫人担忧吗?

我习惯了每天游泳,经常在游泳池碰到各院各系的学生,旁观他们的举止言行,也能略窥年轻人的心态。他们当中不乏朝气勃勃、谦让有礼的年轻人,但也有一些人的行径不自觉地流露上面提及的两点。

先从更衣室谈起。短池建于 30 年前,规模不大,更衣室较小,一边壁上只有七八个衣物钩。有些人颇有"普天之下,莫非王土"的气概,先把外衣挂上其一,裤子挂上其二,内衣挂上其三,内裤挂上其四,个人独占全部衣物钩的一半,完全没有想到还有别的人需要挂上衣物。另一次,有位年轻人打开储物柜,面呈不悦之色向同伴投诉柜里如何不洁净,然后打开另一个,满意地把自己那对算不上洁净的球鞋放进去。游泳完了大家通常来个淋浴,淋浴间只有两所,人多时只好大家体谅迁就排队等候。有些人却慢条斯理,淋浴后仍耽在淋浴间里抹身穿衣,对外面伫立良久的人视若无睹。上到泳池,夏天时分常常见到有些人三五成群,聚在浅水一端倚着栏杆聊天,也有一些人坐在另一端池畔,晃着两条浸在水中的腿聊天。这道人墙和腿屏风,叫别的泳者未到两端只好回头,游得很不舒畅。有些人是真真正正来游泳的,但以下几类型作风是否稍嫌霸道?其一是倚仗人多势众,不理会线上是否已经有泳者正在游泳,几个人齐齐跳进去兴风作浪,把原来线上的泳者迫得落荒而逃。其二是倚仗个人技术高超,以雷霆万钧的蝶式飞扑前进,同样是把原来线上的泳者迫得落荒而逃。还有一类人紧贴着原来线上的泳者的身旁并进,可是另一边却甚多空间,只要稍移过一点也就皆大欢喜矣。

还有一个现象,每逢九月、十月间院际或舍际水运会前夕,泳池蓦地多了很多学生练习浪里白条工夫,水运会过后泳池忽然变得冷清清。这令我想起考试前夕图书馆座无虚席,考试过后图书馆回复空荡荡的情况!学生对游泳这项活动,是重视它本身的优点呢?抑或只看到比赛成绩呢?如果你问我每天游泳是为了什么,我会以"动、静、恒"三个字作答:动以健体、静以养性、恒以励志。其实,学习数学(或者别的学科)也如是。可以分这三方面谈。"动"是不必多说,每做一事总要下工夫,下了工夫总有所得。我只想就着"静"和"恒"多说两句。

每天游泳那片刻是一种平静的享受。全身在水里向前滑进,只听见自己有节奏的呼气声音,别的噪声顿然寂静下来,脑子一片澄明。冬天甫下水时那股清冷,使人明白如何与外界融和而非抗衡的道理。为学何尝不是这样呢?内心的平静胜于力求速成的急躁,持久的浸淫胜于即开即食的效果。可惜计算机文化盛行后,很多人习惯了鼠标的"咔嘞咔嘞",画面飞快地从一项信息变换成另一项信息,大家只是走马观花,失掉了那份慢慢阅读仔细思考的耐性。"宁静以致远"这句话,已经没有太多人放在心上。

每天游泳也是一种恒心的锻炼,为学亦应如是,一曝十寒的温习是没有用处的。此外,冬天游泳除了健体以外,还迫使泳者暂时走出自己的"安逸天地"。为学何尝不是这样呢?只肯轻轻松松地学习,事事希冀不费工夫轻易上手,到头来学问和本领都不会有很大长进。古人说的"十年寒窗"苦读生涯不一定要依循,但今人说的天天"愉快学习"亦非良方。廿余年来从事教学,令我体会到"教学相长"这句老话也可以归结到这一点上。以为自己懂了的，为了备课重温一遍，往往发现仍然有不少自己不熟悉或者从来没有弄明白的问题。自己原先不懂但想学懂的，最有效的方法是教它一遍，迫使自己去探究。走出了自己熟悉的范畴不是一件舒适自在的事，但下了一番工夫便会了解多一点，充实自己，乐在其中。

拉杂闲聊，就此打住，祝各位学业进步，身体健康！

二①

中学时代很多同学只注重计算，成败系于答案对错。有些同学练就一身本领，懂得不少应付各类题目的标准技巧，甚至一些解答更难的题目的窍门。于是兵来将挡，水来土掩，考试成绩果也不俗，增强了成功感，对数学科颇有好感，结果进大学选修了数学。可是，刚上了几课，忽然觉得数学科很陌生，没有了中学时代数学科的影子，有如忽然置身于一个陌生的国度，听到的语言不一样，行事的习惯不一样。面对习作又不知从何入手，以前的招式不管用，课上刚听到的摸不着边儿。过了不久，对数学的兴趣急剧下降，大

---

① 过了一年后，同学们走来问我文章有没有续集，引起我再多一些想法，便写了这一部分。

有"早知如此,悔不当初(选了数学科)"之叹!

其实,这种经历很多人也碰过(我自己也碰过),只是各人程度不同、复原快慢不同而已。我习惯把这种经历叫做"数学文化震撼"(mathematical culture shock)。英文字"shock"还有另一个意思,即是"休克",那就相当害事了!

如何面对这种"文化震撼",不让它演变成"休克",是一年级学生要注意的事情。关乎每个学科的细节不说了,只就大处提两点吧。

(1)首先,如果以前你是只问如何做,不问为何这样做的话,那么你应开始有心理准备去面对后一个问题。固然,理解过程可不是一蹴而就,有些时候不一定完全明白背后的道理,先熟悉如何做也有帮助,"熟能生巧"这句话正好说明理解与重复学习的辩证关系。不过,不求理解的死记硬背,结果肯定是不如理想的。

(2)自学之余更应注意群学。同学之间、师生之间要多讨论,互相促进。不要只求学懂如何做这题、如何做那题便算了,必须设法明其所以然。并非全部错的答案错的程度是一样的,从错误中也可以学习到不少东西。明白到这点,便不会轻言放弃,不会见难即退。

读到这儿,回头再看上面一段游泳的话,是不是有点关系呢?胡适有一次给台湾的中学生讲话,借用了宋朝一位大臣讲过的"做官四字诀"作为做人、做事、做学问的秘诀,很有意思。四个字就是："勤、谨、和、缓"。"勤"是不偷懒，切切实实地干。"谨"是不苟且，不马虎。"和"是不武断，要虚心。"缓"是不要忙，不急于求成。胡适认为，没有"缓"的习惯，前面三个字恐怕都不容易做到。

　　能够"勤、谨、和、缓"，花些时间用心观察，常存好奇，勤于思考，你不单可以理解数学，还可以欣赏到数学的优美，感受到学习的愉悦，更扩展至对知识的尊重。

中国古代官学数学课程：
考生是怎样学习和准备考试的[①]

　　本文首先概述中国古代数学教育，然后详细讨论唐朝官学数学课程和科举制度中的明算科。在本文的第二部分，作者运用"间接证据"重新建构了一些试题，意在提出另一种与传统观念不同的观点。以表明中国古代的数学学习并非是应试的和死记硬背的。这段"动画式"历史考查，或将有助于进一步了解东西方数学教育的比较研究。

---

　　① 本文原以英文写成，是 L. H. Fan, J. Cai, N. Y. Wong, S. Li 编的 *Mathematics: Perspectives From Insiders*, *World Scientific*, 2004, 书内第六章,131-150 页。在 2005 年江苏教育出版社把全书翻译成中文本,名为《华人如何学习数学》,此章的译者是彭爱辉。

一、引言:儒家传统文化背景下的学习者悖论和教师悖论

自 20 世纪 90 年代以来,教育工作者开始关注文化差异如何影响某些科目的教学与学习,如数学及科学,这些科目的内容向来被视为具有不分地域的普遍性 (Cai, 1995; Stevenson & Stigler, 1992; Watkins & Biggs, 1996)。在国际教育成就评估协会(IEA)和经济合作与发展组织(OECD)等团体发起的几项国际研究所得结果的推动下,这方面的研究有了更进一步的深化。特别是过去十年中,在儒家传统文化(CHC)环境中成长的亚洲学生,其学习过程已经成为一项热门的议题(Leung, 2001; Watkins & Biggs, 1996; Wong, 1998)。随之衍生的,儒家传统文化课堂中亚洲教师的教学过程亦受到审视(L. Ma, 1999; Stigler & Hiebert, 1999; Watkins & Biggs, 2001)。这两个紧密相关的问题集中体现为两种悖论,那就是:

(1)儒家传统文化背景下的学习者悖论。儒家传统文化课堂里学生采用的学习策略,被认为是低水平的、死记硬背的,这种策略是不利于取得好成绩的;但调查却表明他们属于高水平、有意义的学习策略,而且他们在国际评价中取得了比其他地区的学生更为优异的成绩。

(2)儒家传统文化背景下的教师悖论。西方教育工作

者认为儒家传统文化课堂缺乏产生良好成果的条件，但教师却创造出了积极的学习效果。

本文通过对中国古代官学数学课程的研究，从历史的角度来看这些问题。对中国古代数学教育作简要介绍后，我们将着重讨论唐朝（618—907）"国立大学"课程，特别是这一时期科举制度中的明算科。我们之所以选择这一时期，不仅因为明算科在唐朝建立得最为完善，而且这一制度在以后的各个朝代中，不是成为范本便是被取消。本文把大部分篇幅放在科举制度上，是因为人们通常认为，儒家传统文化课堂是由应试文化所主宰，而应试文化却妨碍了学生的学习。果真如此吗？本文通过结合中国古代典籍中的官方记载以冀"合理重建"唐朝科举中的明算科试题（因没有尚存的数学试题的文献记载），我们提出如下问题：考试制度真的对学习有害吗？考试是一种"不得已之恶"还是在某种程度上有利于学习过程呢？科举仅仅是对死记硬背学习的一种测试吗？

作者主要引用了自己的三篇文章（Siu，1995；2001；Siu & Volkov，1999）的论点。鉴于数学教师和数学教育工作者不容易找到这些文章，本文综述这些论点，或有助于进一步了解东西方数学教育的比较研究。第一篇文章关于中国古代数学教育，是 1992 年的一篇讲稿。由于第二篇文章（与数学史学家 Alexei Volkov 合作的）作了更深入的

历史研究,前一篇可以说仅是"雏形"而已。第三篇文章是
1998 年的一篇讲稿,它更倾向于教学方面,也最接近本文
的主题:那篇文章发表于 1998 年在 Louvain-la-Neuve 和
Leuven 举行的第三届欧洲夏季大学(European Summer
University)论文集,作者真诚感谢文集编辑 Patricia Rade-
let-de-Grave 女士同意让作者将文章收编到本文的第四、五
和六部分。

二、中国古代的数学教育

在人类文明史上,什么才算是数学的真正开端呢?画
图?数数?计算?辩论?推理?还是证明?即使这一问题
还存在着争议,相信大家都同意数学教育——狭义地视为
传授数学技能和知识的活动——是伴随数学的产生而一起
出现的。

中国古代正规学校体制始于夏朝(公元前 21 世纪至公
元前 16 世纪)后期,约于公元前 2000 年,学校在国家的管
理之下,是训练贵族子弟的场所。在商朝(公元前 16 世纪
至公元前 1466 年)和西周(公元前 1466 年至公元前 771
年),官学体系变得更为制度化。公元前 770 年,外族入
侵,迫使西周迁都,开始了东周时期(公元前 770 年至公元
前 256 年)。这一时期,由于周王朝的软弱无能,群雄竞

起,战乱不断。这就是持续了五个世纪的春秋战国时代。冲突与动荡的困扰,使得它是一段动乱而多事的时期。具有讽刺意味的是,从中国历史上文化发展来看,它也是一段富有生机而繁荣的时期。一方面是官学衰落,另一方面由一些有名学者主持的私学兴盛起来(未必有固定场所)。在以后的朝代,这样的私学以书院为名(有固定场所),逐渐发展成为教育体系中的重要组成部分(在唐朝,书院最初只是一个整理和校勘图书的官方机构)。关于书院的演变现在已经成为一项庞大的研究课题。然而,由于在文献中不容易找到关于这些私学的数学课程的踪迹,我们将不作深入的论述。值得注意的是,由官学和私学构成的双轨学习体制,在中国持续了 2 000 年(陈谷嘉、邓洪波,1997;丁钢、刘琪,1992;赵所生、薛正兴,1985;张正藩,1985)。

在汉朝(公元前 206 年至公元 220 年),儒学被尊为最高的国家哲学。因为重视经学的学习,而经学中往往会提及一些数学知识,所以数学还算受人关注。实际上,高等教育课程中,"六艺"包括礼、乐、射、御、书、数(在早期,算术与数字卜卦紧密相关。卜卦指的是"内算",而我们今天所理解的数学指的是"外算"(刘钝,1993,p. 71))。根据 2 世纪郑玄的注释,"六艺"中的"数"进一步分成九章,这与编写于公元前 100 年至公元 100 年之间的著名数学著作《九章算术》中"九章"的标题没有太多不同。1984 年,在挖掘湖北

的汉王墓时,发现了《算数书》竹简,这本书约成于公元前
200 年左右,其内容与《九章算术》惊人的相似。这充分表
明《九章算术》的内容比这本书本身更为古老(彭浩,
2001)。无论如何,这两本书的模式,在后来的 1 500 年内,
成为所有中国数学著作的典范。《九章算术》由分成九章的
246 个数学问题组成:(1)方田;(2)粟米;(3)衰分;(4)少
广;(5)商功;(6)均输;(7)盈不足;(8)方程;(9)勾股。书中
先提出问题,给出答案,再给出了一般的方法(算法),作为
同种类型问题的解法。值得注意的是,文本中给出的数据
是具体但并非有特殊意义,因而它们实际上是普遍的,这使
得这些方法(算法)在本质上是通用的程序。早期的版本
中,对这些内容没有深入的解释,可能是由教师给予讲解。
后来的版本中,由不同的学者注释。这体现了学者认真而
刻苦的自学精神,也为后来各代读者提供了有用的学习帮
助。最有名的一位注释者是 3 世纪中期的刘徽,他在前言
中写道"徽幼习《九章》,长再详览,观阴阳之割裂,总算术之
根源,探赜之暇,遂悟其意,是以敢竭顽鲁,采其所见,为之
作注。事类相推,各有攸归,故枝条虽分而同本干者,知发
其一端而已,又所析理以辞,解体用图,庶亦约而能周,通而
不黩,览之者思过半矣。"(英译见 Siu,1993,p. 355)这清
楚地表明,为了加强理解,他均衡地运用了严格论证和启发
推理的方法。更多例证,读者可查阅(Siu,1993)。

　　全面的官学教育制度在隋朝(581—618)开始建立,并在唐朝(618—907)和宋朝(960—1279)得到了进一步巩固。对于每一门设置的科目,有详尽的课程计划,包括大纲和采用的教科书,每科的学生入学名额、教员与管理者的人数,学生入学的标准,也记录在案。这些科目的考试定期举行,成功的考生将根据他们在考试中的优秀表现而授予官职。本文第一部分已经说明,我们将只限于讨论典籍中关于唐朝官学制度的明算科的记载,这些内容将在第三部分和第五部分讨论。

　　虽然官学教育制度在宋朝得到进一步巩固与扩展,但明算科中除历算和天文(占星术)课程得到加强之外,其他方面却被忽略了。后来科举制度更把明算科取消。在宋朝以后的几个朝代,明算科一直没有得到恢复。从 17 世纪初开始,通过广泛地与西方数学的接触,先在明朝(1368—1644)晚期,然后在清朝(1616—1911)初期,再在清朝的末期(即 19 世纪中叶),中国数学在外国的影响下发展。随着中国数学进入现代时期并逐渐与更为"世界性"的数学相融合("世界性"指的是从事数学工作及研究所依循的方向和风格,与在世界政治及文化领域起着主导作用的国家相同),中国的数学教育与其他大多数(西方的)国家基本上没有太大区别。关于中国古代数学教育的更多参考,可见陈飞,2002;丁石孙、张祖贵,1989;金净,1990;李弘祺,1994;

李俨,1954—1955;林炎全,1997;刘钝,1993;马忠林、王鸿钧、孙宏安、王玉阁,1991;梅汝莉、李生荣,1992;Siu,1995;吴宗国,1997;谢青、汤得用,1995;严敦杰,1965;赵良五,1991。

读者可能会注意到,在中国古代,数学知识不只是通过官学体制的渠道传授的。一些数学经典著作的前言中提到,学生可以向师傅甚至向隐士学习,也可以通过自学而获得数学知识。一些科学史家指出,宗教网络的传播可能起了相当大的作用(Needham,1959;Volkov,1996)。虽然官学制度培养了成千上万名"数学技术官员(mathocrats)",成为官方或皇家的天文学家,但几乎所有在数学史上留名的杰出数学家似乎都是通过其他管道成长的。一位数学史学家曾经列举了活跃在公元前 4 世纪到公元 19 世纪末期间 50 位有名的中国数学家,其中仅有两位是由官学制度培养出来的(郭世荣,1991)。

结束这一部分之前,让我们再看一部不同寻常的论著,它也许是中国最早的数学教育论文,是宋朝数学家杨辉在1274 年写成的《乘除通变本末》。这部书第一章的引言为"习算纲目",它对传统课程大纲进行了重新组织,并列出了一个只需用 260 天完成的综合学习时间表。这相当于今天中学数学 1 500 小时的现代课程(比对一下,官学制度课程需时 7 年! 将在第三部分再作讨论)。以下是该书的一些节录(英译见 Lam,1977),它们都是有趣并富启发性的,很好地解释了死记硬背并不等于重复学习,做大量练习与获得深刻理解也并非不相容。

"加法,乃生数也。减法,乃去其数也。有加则有减。凡学减,必以加法题答考之。庶知其源,用五日温习足矣。"(卷1,第1章)

"学九归,若记四十四句念法,非五七日不熟。今但于《详解九章算法》九归题'术'中,细看注文,便知用意之隙。而念法用法,一日可记矣。温习九归题目,一日。"(卷1,第1章)

"作一日学一法。用两月演习题目。须讨论用法之源,庶久而无失忘矣。"(卷1,第1章)

"夫算者,题从法取,法将题验。凡欲见明一法,必设一题。若遇问题,须详取用。……或日用定数,当立折变为捷,是皆得其宜也。"(卷1,第3章)

"题繁难见法理。今撰小题验法理,义既通。虽用繁题了然可见也。"(卷2)

三、唐朝官学数学课程

当明算被确立为唐朝官学制度的一门学习科目时,中国的数学已经建立起悠久的学术传统。在 7 世纪中期,数学家李淳风受诏整理了《算经十书》,该书在 656 年被钦定为算学的官方教科书。《算经十书》由不同年代不同作者编写的十本著作组成,按年代顺序粗略地列之于下:(1)《周髀算经》,公元前 100 年;(2)《九章算术》,公元前 100 年至公元 100 年;(3)《海岛算经》,3 世纪;(4)《五曹算经》,6 世纪;(5)《孙子算经》,4 世纪;(6)《夏侯阳算经》,5 世纪;(7)《张丘建算经》,5 世纪;(8)《五经算术》,6 世纪;(9)《缉古算经》,7 世纪;(10)《缀术》,5 世纪。《缀术》的最初版本在 10 世纪左右失传了,宋朝时,它在《算经十书》中的作用被疑为成书于 6 世纪的《数术记遗》所取代((1)至(9)这些著作的原文可以在许多参考书中找到,例如,郭书春,1993)。《新唐书》和《唐六典》记载了如何学习并说明学习每书的时间。学生分为两个专业,为方便起见,本文以缩写的 A 和 B 来表示。专业 A 的学生学习(1)至(8),即《孙子算经》和《五曹算经》1 年,《九章算术》和《海岛算经》3 年,《张丘建算经》1 年,《夏侯阳算经》1 年,《周髀算经》和《五经算术》1 年。专业 B 的学生学习(9)至(10),即《缀术》4 年,《缉古算经》3

年。除了这些书以外，两个专业的学生还必须学习《数术记遗》和《三等数》（《三等数》写在 6 世纪中期或更早时期，但到宋朝已失传）。七年的学习期间有定期考试，每年年末举行岁考。三次没有通过考试或在算学馆中待了九年的学生将被取消其资格。从 14 至 19 岁的入学年龄来进行判断，一个算学学生在 22 岁左右参加科举（更详细的讨论，可见 Siu & Volkov, 1999）。

虽然明算科被列为官学制度中的一门科目，但它的地位较低。例如，据《新唐书》记载，算学专业 A 和专业 B 每年分别招收 15 名学生，配有两名算学博士和一名算学助教。但是在经学课程中，每年招收 300 名学生，配有五名博士和五名助教。如果教员的数量和相应的学生人数没能揭示科目的重要性的话，那么教员的等级和薪水却能够反映这一点。据《新唐书》记载，算学博士是最低级别的官员（30级），而助教则根本没有级别。但经学博士有着较高的级别（11级），连经学助教也有着只是稍微低一点的级别（17级）！

四、唐朝的科举

"科举"是中国的国家考试的专有名词，顾名思义"科目举荐"，即通过不同科目的考试，推荐合适的考生（担任一定

的官职)。一些史学家认为隋炀帝颁布诏令召集举行国家
考试是科举制度的开始。而另一些史学家认为在 622 年,
唐高祖颁布诏令,任何有资格的考生无须经省级官员推荐
也能参加国家考试,这才是科举制度的开始。科举最初是
富有生命力而又行之有效的制度,为国家挑选人才,它并不
考虑考生的社会背景或贵族世袭因素,只看重他们的学业
成绩。但是,这一制度经历了长达近 13 个世纪的不同朝
代,渐渐退化为培养机械式学习和迂腐思想的一种思想束
缚。到了末代王朝——清王朝,最后在 1905 年,大清帝国
的皇帝下诏取消了科举制度(Franke,1968;金诤,1990;刘
海峰,1996;吴宗国,1997;谢青、汤得用,1995;杨学为、朱仇
美、张海鹏,1992)。

"中国对世界最重要的贡献之一,是建立了国家服务管
理制度以及这个制度的核心部分,即是从 622 年至 1905 年
实行科举的考试。"(Kracke, 1947, p. 103)事实上,早在 17
世纪初,耶稣会教士利玛窦(Matteo Ricci)在他的日记中称
赞了中国在文学和科学方面取得的成就,也表扬中国人行
之有效的学术学位颁授(Ricci,1615/1953)。伏尔泰(Vol-
taire,即 F. M. Arouet)在 18 世纪中期作了类似的评论:
"人们肯定不能想象一个比这更好的政府:所有事情都由互
相隶属的裁判庭来决定,裁判庭的成员需要通过几次严格
的考核才能出仕。中国的一切事情都是通过这些裁判庭来

管理。"(Voltaire，1756/1878，p. 162)孙中山于 1912 年创立"中华民国"，他在《五权宪法》中说:"现在各国的考试制度，差不多都是学英国的。穷流溯源，英国的考试制度原来还是从我们中国学过去的。所以中国的考试制度，就是世界上最早最好的制度。"(Teng，1942—1943，p. 267)孙中山甚至创立了"五权分立"的政治学说，将国家权力机关划分为"立法院"、"行政院"、"司法院"、"考试院"、"监察院"。

有关科举制度(唐朝的)的官方详细记录，在某些古代典籍中可以找到，它们主要是:

《旧唐书》，941—945;

《新唐书》，1044—1058;

《唐六典》，738;

《通典》，770—801;

《唐会要》，961。

清代学者徐松在 1838 年编写的《登科记考》可以作为辅助的二手数据，它既收集了以上列举的典籍中许多相关资料的摘录，也包括不少有趣的资料和轶闻(本节给出的许多轶闻都能在此书找到(徐松，1838/1984))。在西方文献中，其中一部最早记载唐朝科举制度的著作是著名法国汉学家 Edouard Biot 写的，他似乎对官学课程没有太高的评价。他认为"算学馆"这一名字，对这样初级的学习机构来说是夸大了，他并且认为所采用的教科书"收集的问题大部分是初级的,答案也没有给出证明"(Biot,1847/1969,pp.257,262)。第一本用西方语言全面记载唐朝科举制度的著作,是由 Robert des Rotours(des Rotours,1932)在1932 年撰写的,书内把相关文献作了相当翔实的翻译(Chapters 44—45)。

在《新唐书》中,有一部分是关于选举和诠叙的,其中记载了国家的两类考试:(1)每年年初为中央官学与地方官学的在校生(生徒)或不在学校上学的知识青年(乡贡)举行的常考;(2)由皇帝颁布诏令举行的制考。第二类考试因当时的需要或皇帝的一时兴致而举行,因此涉及更大范围的专门知识,也有颇为不可思议的科目。从官方记载中能找出许多这类专门考试。这里仅仅列举一小部分,有:"博学宏词科","博通坟典达于教化科","军谋宏远堪任将帅科","贤良方正能直言极谏科","祥明政术可以理人科"。最有趣的一门考试是"隐居丘园不求闻达科",从逻辑上说,这是当且仅当一个人不要学位的情况下才被授予这一学位!(事实上,据《登科记考》记载,794 年,有人拒绝接受这一学位,终于学位是缺席颁授!)第一类考试最初有七门科目:秀才,明经,俊士,进士,明法,明书和明算。秀才很快被取消,而进士后来成为最受重视的科目。据《通典》记载,到 752年止,"进士大抵千人得第者百一二;明经倍之,得第者十一二。"当时的资料表明,在五十岁考上进士(也许经过许多次重复的努力)仍是了不起的,而在三十岁考上明经已经算是太老了。关于明算科难以找到类似的数据或评论,这也再一次表明"明算科"在各种科目中地位较低,仅与"明书"(即"书法")同等。从"国立大学"注册的学生数目更能看出这一点。唐朝的高等教育机构是按等级划分的:最高的是国子学,它只招收某级别以上的皇家贵族子弟;其次是太学,它招收地位稍低的贵族子弟,再次是四门学,它除了招收官员子弟外,也招收少量庶民的子弟。律学、书学和算学这三类学校只招收职位低的官员的子弟和庶民的子弟。根据《新唐书》记载,唐朝初期,国子学有学生 300 名,太学有学生 500 名,四门学有学生 1 300 名,律学有学生 50 名,书学有学生 30 名,算学有学生 30 名。有一段时期,约有 8 000 名学生在全国高等教育机构(包括省级专科学院在内)接受教育,其中也有从邻国来的留学生。在唐朝,国家高等教育体制已经很完整了。

每年高等教育体制的大事——科举考试——对许多人而言是一段痛苦的经历。唐朝的一些作家描述了考生带着文具、食物和水、蜡烛与木炭(为准备用餐与取暖用),排成长长的队伍,站在带刺的树篱(类似现代带刺的铁丝网)围成的考试管辖区的入口处等待,经过门卫点名、搜身后进入考试的小隔间的情景:为了防止考生隐藏书稿,他们被禁止穿厚衣服,只能穿着单薄衣裳在寒冷的天气中直打哆嗦。

在长达许多小时的考试中,考生只能在小隔间中活动,自己准备食物,处理个人卫生。考试失败是普遍的事。考试失败之后,这段痛苦的经历还得重复,年复一年地继续……867年获得进士的韦承贻,曾溜进礼部的南宫(掌管考试事务的办事处),在墙上作了一首诗:"白莲千朵照廊明,一片升平雅颂声,才唱第三条烛尽,南宫风景画难成。"这首语带无奈的诗,生动地描述了那些刻苦的考生在三根照明蜡烛耗尽前争分夺秒完成答卷的情景。

现代的考试无疑比以前少了许多痛苦,但如果不指出现代一些完善的考试方法早在 1 000 年前已经存在的话,便对唐朝的祖先有点不公平。759 年,主考官李揆说:"大国选士,但务得才,经籍在此,请恣寻检。"这也许是最早的开卷考试了! 742 年,主考官韦陟说:"以一场之善,登其科目,不尽其才。……仍令举人自通所工诗笔,先试一日,知其所长,然后依例程考核。"这可能是最早用专题研习报告和综合学业记录("行卷"和"纳卷")来评价考生的案例了! 著名的"行卷"例子是诗人白居易向主考官顾况所交的作品:800 年,白居易以罕有的年轻岁数——27 岁——及第进士,他的"行卷"就是传诵至今,广为流传的一首诗:"离离原上草,一岁一枯荣。野火烧不尽,春风吹又生……"(英译见袁行霈、许渊冲,2000)

五、唐朝科举中的明算科

在科举的明算科专业 A 或 B 中，有两种类型的考试题。《新唐书》这样描述第一类问题："录大义本条为问答。明数造术。详明术理。"对于专业 B 的试题，还附加脚注："无注者合数造术。不失义理。"（对这条脚注尝试作出一种解释，见 Siu & Volkov，1999）我们在第六部分将会详细讨论这类问题。第二类问题称为帖读，是测试考生是否熟读经书。从《数术记遗》或《三等数》中取出一行，再用纸贴盖住三个字，考生需要说出是哪三个字。这类问题类似现代的填充题。值得注意的是，《数术记遗》是一本只有 934 个字的短书，考生不费太多力气就能记住（更不用说以七年时间来记它！）。挑选这本书用来作为帖读很可能有其他方面的原因，但那是另一篇文章的主题了（见 Volkov，1994，关于《数术记遗》内容的有趣讨论）。《三等数》到了宋朝（960—1279）已经失传了，我们只能猜测，它可能是类似《数术记遗》的一本书。

另外，实施帖读有一个原因。681 年，主考官刘思立在所有科目实施帖读，是为了纠正考生普遍存在的不良学习习惯。一些考生为了通过考试，只学习以往考题的"标准答案"，而不学习原著，帖读迫使考生去阅读（至少一些）原著。

然而,考试毕竟是考试,易于被滥用。帖读变得越来越困难和不合理,它测试晦涩的短语,拟题者甚至故意设置陷阱来迷惑考生。为了通过这些不合理的考试,考生的应付手法是收集晦涩的短语并记住它们。于是,本来鼓励考生读原著这样值得赞扬的目的完全被歪曲了。728年,国家下诏:经书的摘录必须设置在合理的范围内。从企图以考试指导课程发展方面而言,这是一个值得汲取的教训。

六、一些重建的试题

因为没有任何尚存的考题可寻,我们将参考科举中关于明算科考试的说明和解释,重建一些考题以提供证据支持本文的观点:唐朝的数学课程并非是初等的,也并非是通过死记硬背的方式学得的。很难想象,一群经过挑选的年轻人花费7年的黄金岁月,只是囫囵吞枣地逐字记忆数学著作,仅仅为了最后在科举中将答案背出来而已。如果读者认为,在历史研究中不能依靠想象,作者在此引用英国历史哲学家Collingwood(1946,p.202)提出的研究历史的一种广泛(但稍具争议)观点,插入一个(稍带歉意?)自辩,"历史就是活着的心灵自我认识……因为历史并不包含在书本或文献中,它仅仅作为当前的一种兴趣和追求,活在评论这些文献的历史学家的心灵中,通过历史文献的评述,历史学家再次体验其所探究的心灵的状态。"Collingwood 和应了意大利哲学家 Croce(1919/1920，p. 19)提出的观点："历史是活的编年史，编年史是死的历史，历史是当代的历史，编年史是过去的历史；历史主要是一种思想活动，编年史主要是一种意志活动。一切历史当其不再是思想而只是用抽象字句记录下来时，它变成了编年史，尽管那些字句一度是具体及感人的。"

举例之前，先看看一本典型的教科书，领会作者是如何做数学的，对我们的讨论有帮助。有哪本书比得上伟大的著作《九章算术》呢？连同 3 世纪数学家刘徽所加的注释，这本教科书为本文的论点提供了更充分的"间接证据"。

《九章算术》的第五章给出了多种立体图形的体积公式，特别是，问题 17 是一个墓穴入口的通道（羡除）的体积公式。用数学语言描述，羡除是一个三面为梯形和两侧面为三角形的几何体，这三个梯形的平行对边的长度分别为 a,b；a,c；b,c，顶部梯形的高为 l，羡除深 h（图 1）。

书中给出了羡除的体积公式 $V = \dfrac{1}{6}(a+b+c)hl$（$a$，$b,c$ 在书中乃具体数值，但实际上它们的数值并没有特殊意义，是具有普遍性的）。刘徽在注释中解释了如何算出体积。他将羡除剖分成一些标准的几何形状，如特殊的三棱柱（堑堵）、特殊的四面体（鳖臑），或者以正方形为底的棱锥

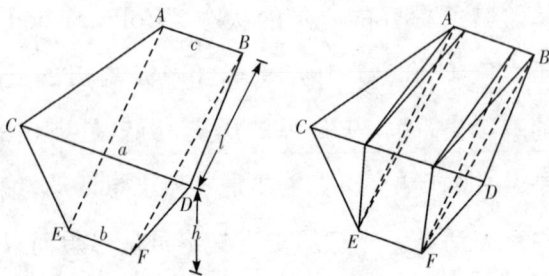

图 1

（阳马）。如果你也试着做，便会发现剖分的方法因 a,b,c 之间的大小关系不同而异。例如若 $a>c>b$，则可将其剖分为两个体积为 $\frac{1}{12}(a-b)hl$ 的特殊类型的四面体、两个体积为 $\frac{1}{12}(c-b)hl$ 的特殊类型的四面体和一个体积为 $\frac{1}{12}bhl$ 的三棱柱（图 1）。它们的体积之和为 $\frac{1}{6}(a+b+c)hl$。若 $a>b>c$，则可将其剖分为两个体积为 $\frac{1}{12}(a-b)hl$ 的特殊类型的四面体，两个以正方形为底、体积均为 $\frac{1}{6}(b-c)hl$ 的棱锥和一个体积为 $\frac{1}{2}chl$ 的三棱柱。它们的体积之和也是 $\frac{1}{6}(a+b+c)hl$。事实上，刘徽在他的注释中列举了除 "$b>a=c$" 之外的所有 8 种不同情形下羡除的剖分方法。计算因剖分方法的不同而异，但其基本思想则是一样的。考试大概要求考生作出与此相类似，关于其他几何形状的面积或体积公式的解释,其中几何形状各边的长度可能也是一些具体数值,只要考生掌握其基本思想,这样的试题的要求是合理的。

同章中,问题 10 是一个关于以正方形为底的亭子(方亭)的体积问题(图 2)。

用数学语言描述,方亭是一个以正方形为底的截棱锥。如果 a,b 分别是方亭下、上底的边长,h 是方亭的高,则方亭的体积为 $V=\frac{1}{3}(a^2+b^2+ab)h$。

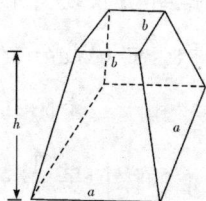

图 2

刘徽又一次在他的注释中阐述了怎样巧妙地组合一些标准形状的几何体模块(他称为棋)得到方亭,从而得到方亭的体积公式。由三种棋能组合成方亭:边长为 a ,体积为 a^3 的立方体(立方);底面是边长为 a 的正方形,另一条长为 a 的棱垂直于底面的棱锥,其体积为 $\frac{1}{3}a^3$(阳马);底面是腰长为 a 的等腰直角三角形,高为 a 的三棱柱,其体积为 $\frac{1}{2}a^3$(堑堵)。刘徽观察到截棱锥可由一个立方、四个阳马和四个堑堵组成(细心的读者会发现这里需要 $h=b$,让我们可以运用标准形状的几何体模块)。刘徽接着观察到一个立方可以组成体积为 b^2h 的立方体块,一个立方和四个堑堵可组成一个体

积为 abh 的长方体块,一个立方、八个堑堵和十二个阳马可组成一个体积为 a^2h 的长方体块(细心的读者会发现,这里要求 $h = b$ 和 $a = 3b$,使得每个角是由三个阳马组合而成的立方体)。

在问题 15 中,刘徽进一步阐述了怎样用无穷小分割方法推导出以长方形为底,有着任意高的更一般的四棱锥的体积公式(Wagner,1979)。总而言之,三个立方、十二个堑堵和十二个阳马的体积之和为 $b^2h + abh + a^2h$,因而截棱锥的体积是 $\frac{1}{3}(a^2 + b^2 + ab)h$(图 3)。

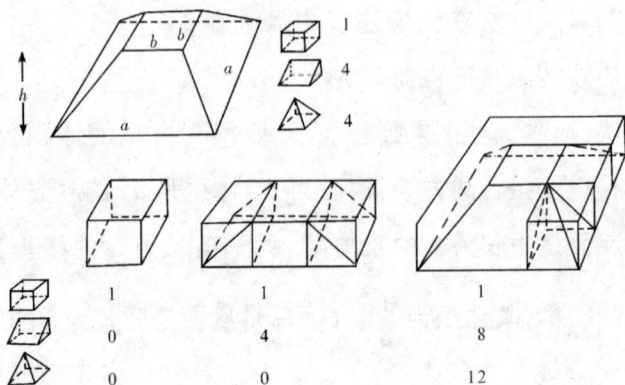

图 3

刘徽还用另一种剖分方法给出了截棱锥的另一体积公式 $V = \frac{1}{3}(a - b)^2 h + abh$(图 4)。

在第二种方法中,不必假设 $h = b$ 和 $a = 3b$,但它只适

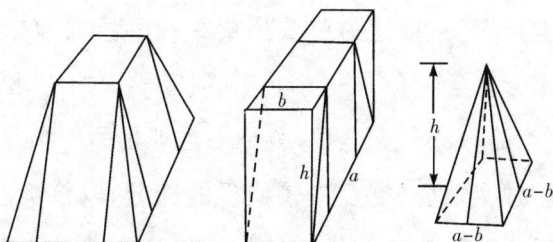

图 4

用于上、下底均为正方形的棱台。

这里给出一道模拟题：计算高为 h 、下底和上底分别是边长为 a_1,a_2 和 b_1,b_2 的长方形（ $a_1 \neq a_2$ ， $b_1 \neq b_2$ ）的亭子的体积。如果理解了刘徽的无穷小分割方法，考生稍加变动就能得到该问题的答案，作为练习这个留给读者（读者也可以用当今学生都熟悉的方法来解决该问题，即用相似三角形的方法），答案是 $V = \dfrac{1}{3}\left[a_1 a_2 + b_1 b_2 + \dfrac{1}{2}(a_1 b_2 + a_2 b_1) \right] h$ 。

如果考生仅仅记住课本上的公式而不加以理解，很难想到这一正确公式。这也许就是所谓的"造术"（构造一个（新的）算法）的意义。而且，考虑到考生在以后的职业生涯中很可能会遇到他们在课本中所学问题的变式（如参数改变），对他们作这样的要求也是合理的。

七、科举真的对学习这么有害吗

科举制度有着奇怪的矛盾现象，既被描述为一种丰富的文化遗产,又被描述为中国历史上一种负面桎梏。科举的长短优劣,至今仍是一个广泛引起争论的主题(金诤,1990;刘海峰,1996)。这里,我们不想涉足另一场冗长的争论,而是"放大"这一制度中较积极的部分,以抗衡"中国古人只是通过机械记忆和勤奋刻板训练来学习数学"这一传统观念。可惜的是,科举的积极部分被它的消极部分掩盖,这一制度在明朝和清朝的演变使消极作用更显突出。

　　奇怪的是,通常人们仍然认为儒家的学习等同于死记硬背的学习和一味顺从的学习,尽管圣贤早已有相反的论述。《论语》(公元前 5 世纪)中说:"学而不思则罔,思而不学则殆。"《中庸》(公元前 6 世纪至公元前 5 世纪)中说:"诚之者,择善而固执之者也。博学之,审问之,慎思之,明辨之,笃行之。"在宋代大儒朱熹(1130—1200)的书中,我们也可以读到"读书无疑者,须教有疑,有疑者,却要无疑,到这里方是长进。"(卷 11,p. 151)人们能称此为死记硬背的学习吗?是一味顺从的学习吗?朱熹的著作读得越多,我们也许对西方观察者所指的"死记硬背"学习原来是怎样一回事理解得更深入。朱熹说:"大抵观书,先须熟读,使其言皆若出于吾之口,继以精思,使其意皆若出于吾之心,然后可以有得也。然熟读精思既晓得后,又须疑不止如此,庶几有进。若以为止如此矣,则终不复有进也。"(卷 11,p. 135)朱熹进一步指出:"学便是读。读了又思,思了又读,自然有

意。若读而不思,又不知其意味;思而不读,纵使晓得,终是
惴惴不安。……若读得熟,而又思得精,自然心与理一,永
远不忘。"(卷 10,p. 138)这段话明显地阐明了反复学习和
机械学习的区别。当代的研究者基于这种区别解释了亚洲
学习者悖论(Biggs,1996;Marton,Dall'Alba & Tse,
1996)。

另一方面,在 19 世纪伴随着工业革命出现的西方现代
教育,开始即强调 3Rs——读、写、算。在 1862 年,英国教
育部 Robert Lowe 签发的一部法规中,对每个 R 的标准作
了明确规定(例如,关于"读"的标准 I:朗读单音节词;"写"
的标准 II:以整齐书法临摹一行印刷字体;"算"的标准 IV:
计算一则货币题)(Curtis,1967,Chapter 7)。狄更斯
(Charles Dickens)在 1854 年写的小说《艰难时世》,开头借
Coketown 城的 Gradgrind 先生之口说话,是对当时英国强
调机械式学习的生动描述(固然,小说的话带有夸大的讽刺
意味):

> "现在,我需要的是'事实',我教给学生们的
> 只是'事实',惟独'事实'是生活之所需……这是
> 我教育自己孩子的原则,也是我教育这些孩子们
> 的原则。先生,坚持'事实'!"(Dickens,1854/
> 1995,p.9)

关于科举的准备,朱熹也有以下观点:

"士人先要分别科举与读书两件,孰轻孰重。若读书上有七分志,科举上有三分,尤自可;若科举七分,读书三分,将来必被它胜却。"(卷 13,p. 191)

"举业亦不害为学。前辈何尝不应举。只缘今人把心不定,所以有害。才以得失为心,理会文字,意思都别了。"(卷 13,p. 194)

"尝论科举云:非是科举累人,自是人累科举。若高见远识之士,读圣贤之书,据吾所见而为文以应之,得失利害置之度外,虽日日应举,亦不累也。居今之世,使孔子复生,也不免应举,然岂能累孔子邪!"(卷 13,p. 194)

八百多年以前,中国的圣贤已经知道考试的主要弊端并非来自考试本身,而是来自考试所带来的利害关系!

假设不靠通过机械学习以求考试及格,那么考试可以带来哪些益处呢?让我们首先对中国古代的考试形式与布鲁姆(Bloom,1956)的现代评估理论作一下比较。现代评估观点既包括形成性评估,也包括总结性评估,但中国古代的考试是为了选拔，所以只关注后者的作用。布鲁姆的认知目标的六级分类与中国古代考试的四种不同类型的问题是一致的，即：(1)帖读以考查知识；(2)短的问题以考查理解与应用；(3)长的问题(关于当代时事)以考查分析与综合；(4)作文与作诗以考查评价。(刘海峰，1996，p. 240)

有了多种多样的目标，考试即使作为总结性评估过程，它对学生和教师都能产生有益的影响。对学生而言，它有利于巩固知识，加强理解，制订学习计划，判断学习重点，发展学习策略，培养学习动机和自我提升意识。对教师而言，除了上述提到的优点之外，考试还可以用来检查学生的学习进度，判断学生消化吸收了多少，评估教学是否有效。从这种意义上来说，"素质教育"与"应试教育"不必是对立的。Crooks 说："作为教育者，我们应该在评估中确保对我们认为是最重要的技能、知识和态度给予恰当的重视。"(Crooks，1988，p. 470)从总结性评估的角度看，考试是一种"不得已之恶"。但从形成性评估的角度看，考试是学习过程的有用组成部分。而且，严格地区分总结性评估和形成性评估是一种错误的二分法，重要的是不要本末倒置，让评估指挥了教育(C. Tang & Biggs，1996，p. 159)。

中国皇朝的考试制度，尽管具有良好的初始意愿和长达 1 287 年的历史，但最终走向了消亡，这是一个值得汲取的教训。

参考文献

[1] Biggs J B (1996). Western misperceptions of the Confucian-heritage learning culture. In Watkins D A, Biggs J B. (eds.) *The Chinese Learner: Cultural, psychological and contextual influences* (*pp.* 45-67). Hong Kong: Comparative Education Research Centre, The University of Hong Kong; Melbourne, Australia: Australian Council for Education Research

[2] Biot E(1969). *Essai sur l'histoire de l'instruction publique en Chine, et de la corporation des lettrés, depuis les anciens temps jusqu'à nos jours: Ouvrage entièrement rédigéd'après les documents chinois* [Essay on the history of state education and the literati in China from ancient time to the present: Work written entirely depending on Chinese documents]. Paris: Benjamin Duprat. (Reprinted, 1847, Taipei: Chéng Wen Publ. Co.)

[3] Bloom B S (ed.) (1956). *Taxonomy of educational objectives, The classification of educational goals, handbook I: Cognitive domain*. London: Longman.

[4] Cai J (1995). *A cognitive analysis of U. S. and Chinese students' mathematical performance on tasks involving computation, simple problem solving and complex problem solving*. Reston: National Council of Teachers of Mathematics

[5] 陈飞(2002). 唐代试策考述. 北京:中华书局

[6] 陈谷,邓洪波(1997). 中国书院制度研究. 杭州:浙江教育出版社

[7] Collingwood R G(1946). *The idea of history*. Oxford: Clarendon Press

[8] Croce B(1919/1920). *History: Its theory and practice* (translated from the 2nd edition in Italian). New York: Russell & Russell

[9] Crooks T J (1988). The impact of classroom evaluation practice on students. *Review of Educational Research*, 58, 438-481

[10] Curtis S J(1967). *History of education in Great Britain* (7th ed.). London: University Tutorial Press

[11] des Rotours R(1932). *Le traité des examens, traduits de la Nouvelle histoire des T'ang* [Treatise on examinations, translated from 'New History of the Tang Dynasty']. Paris: Librairie Ernest Leroux

[12] Dickens C(1995). *Hard times*. London: Penguin Books. (Original work published 1854)

[13] 丁钢,刘琪(1992). 书院与中国文化. 上海:上海教育出版社

[14] 丁石孙,张祖贵(1989). 数学与教育. 长沙:湖南教育出版社

[15]Franke W(1968). *The reform and abolition of the traditional Chinese examination system*. Cambridge：Harvard University Press

[16]Gardner D K (1990). *Learning to be a sage：Selections from the conversations of Master Chu，Arranged topically*. Berkeley：University of California Press

[17]郭书春 编(1993). 中国科学技术典籍通汇（数学卷）(1-5 卷). 郑州：河南教育出版社

[18]郭世荣(1991). 论中国古代的国家天算教育. 李迪（编），数学史研究文集（第二辑，pp. 27-30）. 呼和浩特：内蒙古大学出版社

[19]金诤(1990). 科举制度与中国文化. 上海：上海人民出版社

[20]Kracke E A Jr(1947). Family vs merit in Chinese civil service examinations under the empire. *Harvard Journal of Asiatic Studies*，10，103-123

[21]Lam L (1977). *A critical study of the Yang Hui Suan Fa*. Singapore：University of Singapore Press

[22]Legge J (1960). *The Chinese classics*，Volume I：*Confucian analects，the great learning，the doctrine of the mean* (3rd ed.). Oxford：Clarendon Press. (Reprinted，1893，Hong Kong：Hong Kong University Press.)

[23]Leung F K S(2001). In search of an East Asian identity in mathematics education. *Educational Studies in Mathematics*，47，35-51

[24]李弘祺(1994). 宋代官学教育与科举. 台北：联经出版社

[25]李俨（1954—1955）. 中算史论丛(修订版). 北京：科学出版社

[26]林炎全(1997). 中国数学课程的演变. 数学传播，21(3)：31-44

[27]刘钝 (1993). 大哉言数. 沈阳：辽宁教育出版社

[28]刘海峰 (1996). 科举考试的教育视角. 汉口：湖北教育出版社

[29]Ma L (1999). *Knowing and teaching elementary mathematics：Teachers' understanding of fundamental mathematics in China and the United States*. Mahwah，NJ：Lawrence Erlbaum Associates

[30]马忠林，等(1991). 数学教育史简编. 南宁：广西教育出版社

[31]Marton F，Dall'Alba G，Tse L K(1996). Memorizing and understanding：The keys to the paradox. In Watkins D A，Biggs J B(Eds.)，*The Chinese learner：cultural，psychological and contextual influences* (pp. 69-83). Hong Kong：Comparative Education Research Centre，The University of Hong Kong；Melbourne，Australia：Australian Council for Education Research

[32]梅汝莉，李生荣 (1992). 中国科技教育史. 长沙：湖南教育出版社

[33]Needham，J. (with the collaboration of L. Wang). (1959). *Science and civilization in China*，Volume 3：*Mathematics and the sciences of the heavens and the earth*. Cambridge：Cambridge University Press

[34]彭浩(2001). 张家山汉简《算数书》注释. 北京：科学出版社

[35]Ricci M (1953). *China in the sixteenth century：The journals of Mat-*

thew Ricci, 1583-1610(L. J. Gallagher, Trans.). New York: Random House. (Original work complied by N. Trigault, 1615)

[36]Shen K, Crossley J N, Lun A W C (1999). *The Nine Chapters on the mathematical art: Companion and commentary.* Oxford: Oxford University Press

[37]Siu M K(1993). Proof and pedagogy in ancient China: Examples from Liu Hui's Commentary on Jiu Zhang Suan Shu. *Educational Studies in Mathematics*, 24, 345-357

[38]Siu M K(1995). Mathematics education in ancient China: What lesson do we learn from it? *Historia Scientiarum*,4(3):223-232

[39]Siu M K(2001). How did candidates pass the examination in mathematics in the Tang Dynasty (618—917)? —Myth of the "Confucian-Heritage-Culture" classroom. In P. Radelet-de Grave (Ed.), *Actes de la troisième d'été européenne sur l'histoire et l'épistémologie dans l'éducation mathématique[Proceedings of the third European Summer University on the history and epistemology of mathematics educations]* (pp. 320-334). Louvain-la-Neuve/Leuven: Université Catholique de Louvain/ Katholieke Universiteit Leuven

[40]Siu M K, Volkov A(1999). Official curriculum in traditional Chinese mathematics: How did candidates pass the examinations? *Historia Scientiarum*, 9(1):85-99

[41]Stevenson H W, Stigler J W(1992). *The learning gap: Why our schools are failing and what we can learn from Japanese and Chinese education.* New York: Simon & Schuster

[42] Stigler J W, Hiebert J (1999). *The teaching gap.* New York: Free Press

[43]Tang C, Biggs J B (1996). How Hong Kong students cope with assessment. In Watkins D A, Biggs J B. (eds.)*The Chinese learner: Cultural, psychological and contextual influences* (pp. 159-182). Hong Kong: Comparative Education Research Centre, The University of Hong Kong; Melbourne, Australia: Australian Council for Education Research

[44]Teng S(1942—1943). Chinese influence on the Western examination system. *Harvard Journal of Asiatic Studies*,7, 267-312

[45]Volkov A(1994). *Large numbers and counting rods.* Extrême-Orient, Extrême-Occident, 16, 71-92

[46] Volkov A (1996). Science and Daoism: An introduction. *Taiwanese Journal for Philosophy and History of Science*, 5(1):1-58

[47]Voltaire(F. M. Arouet) (1878). *Oeuvres complètes de Voltaire*, t. 13 [Complete works of Voltaire, Vol. 13]. Paris: Garnier Frères. (Original work published 1756)

[48]Wagner D B(1979). An early Chinese derivation of the volume of a pyr-

amid: Liu Hui, third century A. D. *Historia Mathematica*, 6, 164-188

[49]Watkins D A, Biggs J B (Eds.) (1996). *The Chinese learner: Cultural, psychological and contextual influence*. Hong Kong: Comparative Education Research Centre, The University of Hong Kong; Melbourne, Australia: Australian Council for Education Research

[50]Watkins D A, Biggs J B (Eds.) (2001). *Teaching the Chinese learner: Psychological and pedagogical perspectives*. Hong Kong: Comparative Education Research Centre, The University of Hong Kong; Melbourne, Australia: Australian Council for Education Research

[51]Wong N Y(1998). In search of the "CHC" learner: Smarter, works harder or something more? In *ICMI-EARCOME Proceedings* (Vol. 1, pp. 85-98). *Cheongju: Korean National University of Education*

[52]吴宗国(1997). 唐代科举制度. 沈阳:辽宁大学出版社

[53]谢青,汤得用 编 (1995). 中国考试制度史. 合肥:黄山书社

[54]徐松(1984). 登科记考. 北京:中华书局(原版于 1838)

[55]袁行霈,许渊冲 (2000). 新编千家诗. 北京:中华书局

[56]炎敦杰(1965). 中国数学教育简史. 数学通报, 8, 44-48;9, 46-50

[57]杨学为,等(1992). 中国考试制度史资料选编. 合肥:黄山书社

[58]张正藩 (1985). 中国书院制度史略. 南京:江苏教育出版社

[59]赵良五 (1991). 中西数学史的比较. 台北:商务印书馆

[60]赵所生,薛正兴(1995). 中国历代书院志 (第 16 卷). 南京:江苏教育出版社

[61]周东明(1990).《习算纲目》与杨辉的数学教育思想. 华中师范大学学报 (自然科学版), 24(3):396-399

"欧先生"来华四百年[①]

一

  众所周知,"五四运动(新文化运动)"期间,中国出现了一位"德先生"(民主)和一位"赛先生"(科学)。相比之下,却较少人注意,早此 3 个世纪,还有一位先行者"欧先生"来到古老中国的大地。我指的是欧几里得(Euclid,325 B. C. — 265 B. C.),更确切地,是欧几里得名著《原本》(*Elements*)所代表的西方数学——它的内容、思想和方法。

---

  ① 这篇是 2007 年 11 月在台湾"中央研究院"数学研究所举行的《几何原本》翻译 400 周年纪念会上的讲演,文稿(稍经编辑)刊于《科学文化评论》第 4 卷第 6 期,2007 年 12 月,12-30 页。

　　固然,把古代希腊世界的巨著《原本》代表西方数学,是一种过分简单化的说法,犹如认为古代东方数学只有方法及计算,没有解释及证明,也同样是一种过分简单化的说法。况且,即使在当时(17世纪)的西方,数学发展迅猛,已经超越古代希腊世界的成就。不过,际此盛会,纪念这一桩中西数学交融的重要历史事迹——利玛窦与徐光启合译《几何原本》四百周年纪念研讨会,容许我斗胆采用一种简单化但色彩较鲜明,表征意味也较浓厚的说法,就以《原本》代表不远千里,东渡而来的西方数学。

　　在意大利文艺复兴时期画家拉斐尔(Raphael Santi, 1483—1520)的名画《雅典学院》(School of Athens)中,我们可以在右下角找到欧几里得和他的一群门徒(图1)。

图1

　　老师弯着腰在地上的石板上以圆规作图,最年幼的一位门徒在旁边聚精会神地听,另外几位年纪较长的门徒,一面观看一面讨论,学习气氛既热烈也融洽,充分表现师生之间的交流。在西方名画出现这种场景,似乎可以说明《原本》——推而广之,数学——在西方文化的重要地位。

的确,《原本》塑造的公理化思想体系,及以此为起点依循演绎逻辑推理的证明模式,成为西方数学的重要组成部分,甚至被视为西方数学的标志,也是人类文化思想史上的一大贡献。更有甚者,它对西方文化别的领域有深远影响,无怪乎卡比那(Judith V. Grabiner)在 1986 年世界数学家大会上作了一个讲演,题目就是"数学在西方文化思想史上的中心地位"(The centrality of mathematics in the history of western thought)(后来刊登于 *Mathematics Magazine*,1988(61):220-230);克莱因(Morris Kline)也在 1953 年写了一本书,名为《数学与西方文化》(*Mathematics in Western Culture*, Oxford University Press,1953),以众多例子阐述数学在西方文化中担当怎样的角色。欧几里得著述的《原本》十三卷,素被誉为西方经典巨著,影响西方文化至深,岂仅止于一本以数学著述可以概括其博大精深的内涵。

至 1607 年,经克拉维斯(Christopher Clavius,1537—1612)改编和评注的十五卷本《原本》传入中国,以耶稣会传教士利玛窦(Matteo Ricci,1552—1610)口译,明代士大夫学者徐光启(1562—1633)笔授的方式合译了前六卷,名为《几何原本》(图2)。

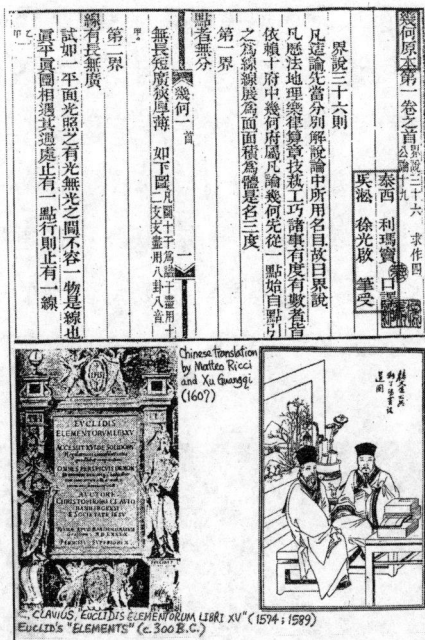

图2

徐光启别具慧眼,虽然只读到前六卷,他已经洞察该书的精神及长处,有言:"由显入微,从疑得信,盖不用为用,众用所基,真可谓万象之形囿,百家之学海。"(译《几何原本》原序)。由此他矢志会通中西之学,结合理论实践,借此推行传统儒家经世致用的理想。有关徐光启的传记、贡献和思想,西方传教士在中国的工作及其影响,文献多不胜数。有关《原本》的传入对中国明清数学的影响,尤其清代两度"西学东渐"的历史因由与过程,也有多位数学史家作了精辟论述。至 1857 年英国传教士伟烈亚力（Alexander Wy-lie，1815—1887）与清代数学名家李善兰（1811—1882）以同样合作方式续译《几何原本》（但据别的改编版本），于 1857 年刊行，惜不久即遇上太平兵变及英法联军入侵，版毁无传。递至曾国藩（1811—1872）驻守金陵（即今南京），李善兰向曾国藩述及此书之重要，获其出资重印该书，十五卷足本（前六卷乃明代利玛窦与徐光启合译的刻本）终于在 1895 年出版（图 3），时距《原本》前六卷译本面世相隔多于两个半世纪矣！

图 3

数学史家刘钝以"从徐光启到李善兰——以《几何原本》之完璧透视明清文化"为题（刊登于《自然辩证法通讯》，1989，11（3）：55-63），详尽地剖析这段史实。

以上经过，本文也就不赘，只在本文结尾列举一些书本文章，供读者参考。我只打算说一个故事，略述《原本》——推而广之，数学——在西方文化中，以及它传入中国后在中国文化中所起的作用和影响。对不少读者而言,这个故事也许已是耳熟能详,无甚新意。但回顾"欧先生"来华 400 年的足迹,念及现况,不无徐光启"后之视今,犹今之视昔也"(《农政全书》)之感!

二

在古代希腊世界,数学被冠以崇高的地位。普罗克洛斯(Proclus,410—485)评注《原本》卷一说了这样一段话:"它的名字(数学($\mu\alpha\theta\eta\mu\alpha\tau\iota\kappa\eta$)——词的原意是指靠学习得来的知识)说明了这门科学的功用,它激发了我们与生俱来的知识,唤醒了我们的智慧,涤清了我们的理解,揭示了本来就属于我们的概念,把一贯以来缠绕着我们的朦胧与无知除掉,把我们从非理性的束缚中释放出来;……"(英译本见诸 G. R. Morrow, *A Commentary on the First Book of Euclid's Elements*, Princeton University Press,1970)。

17 世纪英国哲学家霍布斯(Thomas Hobbes,1588—1679)的传记里有这样一段叙述:当时他已经是 40 岁,从来没有读过几何,某天在朋友的书房里看到案头有一本打开的书,不经意瞧了一眼,那一页刚好是《原本》卷一的第 47 条定理(直角三角形斜边上的正方形是另外两边上的正方形之和),他对自己说:"那怎可能呢?"为了满足自己的好奇心他便读下去,看它怎么解释。但书上的证明却用了前面一条定理,于是他又翻查那条定理,看它怎么解释;那条定理的证明又用了再前面一条定理;于是他继续追查下去,如此这般,他追查到卷一开首第一条定理(给定一线段,必可以该线段为边构作正三角形),由是恍然大悟,对第 47 条定理深信不疑,并且由此爱上了几何!

英国数学家、哲学家、文学家罗素(Bertrand Russell,1872—1970)碰上《原本》,却有另一番体验,但同样使他印象深刻,终身受用。在自传中他说:

"11 岁时我开始研习欧几里得的巨著(《原本》),由哥哥作指导。这是我平生经历的一件大事,令我目眩神迷,恍如初恋。……别人告诉我欧几里得擅长证明定理,但开始我只见公理,叫人大失所望。初时我拒绝接受这些公理,除非哥哥给我一个好理由为何要接受它。哥哥说:'如果你不接受这些公理,我们便没法学下去。'我很想学下去,只好极不情愿地暂时接受了它。"

徐光启与利玛窦合译《几何原本》时对这回事倒说到点子上,他们把第一条公理"自此点至彼点求作一直线"译作"第一求",并且附注曰:"求作者不得言不可作"。公理

(axiom)一词源自希腊词 axioma，有请求之意。匈牙利数学史家查保(Árpád Szabó)认为数学证明的产生，是受到希腊哲学，尤其是公元前 5 世纪的厄里亚辩证学派(Eleatic School)的推动。当时的人对辩时，双方的论点乃基于某些大家都接纳的命题为出发点，这些命题称为“假说”，双方均认为无须对“假说”再加说明或证实。要是碰到有些命题并非双方都愿意接纳的话，一方只好请求另一方先接纳它作“假说”，以后一切论证均基于这些“假说”，也即是后来数学上称作的公理。如果对方不接受这个请求，便有如罗素哥哥所言，双方也就无从说下去了。

20 世纪的伟大物理学家爱因斯坦(Albert Einstein，1879—1955)幼年时碰上欧几里得几何，又是另一番感受。在 67 岁时他写了一篇自传(刊登于 P. A. Schilpp (ed.)，*Albert Einstein：Philosopher-Scientist*，Tudor，1949)提及他的童年学习经验：

　　“12 岁时我经历了平生中第二桩奇妙的事情，与第一桩的性质极不相同；学期初我获得一本小书，是讲述欧几里得平面几何的(那是 E. Heis，T. J. Eschweiler，*Lehrbuch der Geometrie zum Gebrauch an höheren Lehranstalten*，Du-Mont & Schauberg，1867)。”

他特别提到一条叫他着迷的定理，就是任意三角形的三条垂线必共点。他描述当时内心感到的兴奋和愉悦：

"那种清晰与确定，给我的印象深刻得难以形容。……希腊人首次让我们看到，如何在几何上凭着纯理性思考达致这种程度的确定与纯洁，实在叫人非常惊讶。"

综合以上所说，我们或能更好明白为何希腊哲学家柏拉图（Plato，427 B. C. — 347 B. C.）在他的学院门上挂着"不谙几何者不得进内"的牌子。他欲通过学习数学使年轻人能凭借纯心智认识世界，使心灵本身更容易从暂存的世界过渡到真理和永恒。他的名著《理想国》（*The Republic*）详细描述学院的课程，包括算术、几何、天文和音乐，后来到了罗马时代这四门学科被称作"四道"（quadrivium），再加上"三道"（修辞学、辩证法和语法）便合成为中世纪欧洲博雅教育的 7 门学科（liberal arts，原意是适合自由人的教育，以解放思想，破除成见）。

固然，古代中国也有"六艺"的设置，《周礼·地官司徒下》有言："保氏，掌谏王恶，而养国子之道，乃教之六艺，一曰五礼、二曰六乐、三曰五射、四曰五驭、五曰六书、六曰九数",最后一项便是数学。话虽如此,但看看公元 3 世纪中叶三国魏晋人刘徽(265 年前后)注《九章算术》时在序言里说的话:

> "且算在六艺,古者以宾兴贤能,教习国子。虽曰九数,其能穷纤入微,探测无方。至于以法相传,亦犹规矩度量,可得而共,非特难为也。当今好之者寡。故世虽多通才达学,而未必能综于此耳。"

便知道数学在古代中国的教育地位,与西方并不一样,数学活动只局限于少数的一群人而已。

西方到了 16 世纪,数学的社会功能与教育价值虽然与古代希腊世界相比,已经有所转变,但传统依然;加上继承了由中世纪伊斯兰文化保存且发扬光大的古代东西方数学文化,更是如虎添翼,数学发展一日千里。这段时期的重镇人物英人培根(Francis Bacon,1561—1626)在他的散文《论学习》把数学与其他科目并列,赞曰:

> "Histories make men wise; poets, witty; the mathematics, subtle; natural philosophy,

deep; moral, grave; logic and rhetoric, able to contend."（这段文字很难翻译得准确贴切,故原文照录。）

法国哲学家、数学家笛卡儿（René Descartes, 1596—1650）撰写了著名的《方法论》（*Discours de la methode pour bien conduire sa raison*, *et chercher la verité dans les sciences*, 1637）,内中提到:

"几何学家运用一连串长长但简单易懂的推理去证明困难的结果,这令我想到,一切事物都能用这种方法变成人类的知识。"

培根建议运用智性去考查事实数据寻求知识,是归纳的方法;笛卡儿建议运用数学的演绎方法进行这件工作。证诸后世发展,二者相辅相成,不可偏废,两人对科学思想都有重大贡献。"数学化"的思想方式在 17 世纪很受重视,德国哲学家、数学家莱布尼兹（Gottfried Wilhelm Leibniz, 1646—1716）甚至提出口号:"让我们计算!（Calculemus）",按照他说的,什么争论都可以用计算摆平! 德国文学家、哲学家诺华莱士（笔名 Novalis, 1772—1801）说过一段耐人寻味的话:"全部知识都应该变为数学,但至目前为止,我们知道的数学只不过是真正科学精神所显示出来最浅易的表达形式而已。"可惜诺华莱士早逝,在留下的文稿中不容易了解他心里想的究竟是什么。

也不是所有西方哲学家都认同这种乐观的"数学化"思想,譬如意大利思想家维柯(Giovanni Battista Vico,1668—1744)便认为数学乃产自人性的自我隔离,故无法用以了解人性;而法国数学家、哲学家帕斯卡(Blaise Pascal,1623—1662)在其《沉思录》(*Pensée*,1657/1658)写下一句名言:"人心有其理智,那是理智一无所知的(le cœur a ses raisons que la raison ne connaît pas)"。博学之士德人歌德(Johann Wolfgang von Göthe,1749—1832)对数学有颇为不客气的批评:"我们常常听到有人说数学是精确的学问,其实它并不比其他学问更精确。它是精确,只因为人们只把它用于可以确定知道答案的场合吧。"他也说:"数学不能消除偏见,不能减轻固执想法,不能缓和派别争执:在道德领域里数学没有任何影响。"(见诸 Simona Draghici, *Maxims and Reflections of Johann Wolfgang von Göthe*, Plutarch Press, 1997)。还是法国数学家柯西(Augustin-Louis Cauchy,1789—1857)在他的课本《分析课程》(*Cours d'analyse*,1821)序言里说得更中肯:"让我们勤恳地发展栽培数学,但不要企图把数学延伸至超越它的范畴。请不要以为我们可以运用公式去研究历史,也不要以为我们可以用道德标准去认可代数或者微积分的定理。"

到了 20 世纪 50 年代末,英国科学家、文学家斯诺(Charles Percy Snow,1905—1980)在剑桥大学给了一个著名的讲演,题为"两种文化"(The Two Cultures),讨论科学家与人文学者之间本来不应该存在的鸿沟。"文化"一词有两种含意,一方面是"那些表征人性本质和才能的和谐发展"(引用英国诗人柯尔律治(Samuel Taylor Coleridge,1772—1834)的话),另一方面是指"生活于同一环境,由共同习惯、想法和生活方式联结起来的群体"。由此可以见到"文化"有其内外因素,认识到这一点,有助于了解不同文化交会或者冲击时的历史发展。德国哲学家史宾格勒(Oswald Spengler,1880—1936)在他的名著《西方的没落》(*Der Untergang des Abendlandes*,Vol. 1,Verlag Braumüller,1918;Vol. 2,Verlag C. H. Beck,1922)论及历史上各个文化均有兴衰,如生物生长,也如季节转变。当中他用了整整一章谈及数学,因为他认为数学乃重要的文化表征,不同文化里数学的发展及风格是探讨该文化的关键题材。20 世纪著名的英国历史学家汤因比(Arnold Joseph Toynbee,1889—1975)穷廿年之力写成《历史研究》12 大卷(*A Study of History*,Vol. 12,Oxford University Press,1934—1961)。在自述中他提到高中时代的一件往事：16 岁时，他必须作出一项选择，是学习微积分，还是完全放弃数学而专注于学习希腊文及拉丁文经典。他选择了后者，多年后回头看却懊悔不已。他认为人人都需要认识一点微积分，因为它有如"一艘装备齐全、扬帆出航的船，是现代西方伟大成就的一项表征"。也就是说，他把数学视为人类智性追求的成就，非仅作为工具而已。19 世纪博物学家达尔文（Charles Robert Darwin，1809—1882）也曾在自传里懊悔自己当年以为数学无用没有把它学好，他认为懂一点数学基本要点的人，好像比别人多了一重感觉！

三

《原本》确立了公理化的思想体系，在西方曾经被奉为以理性追求确定知识的圭臬，很多有名的著述都按照这种思想体系写成。

最有名的例子当推牛顿（Isaac Newton，1643—1727）的巨著《自然哲学之数学原理》（*Philosophiae Naturalis Principia Mathematica*，1687），在书的开首他先列明三条有关运动的公理（图 4），即是每个中学生在物理课上学过的"牛顿运动三大定律"。然后就像《原本》那样，从这些公理出发他证明了一条又一条的定理。有趣的一点是，我们都知道牛顿发明了微积分，凭着这件有力的新工具解决了很多前人没有解决的问题,但在他的书里,他却运用欧氏几何的综合方法证明他发现的新结果。这涉及牛顿在学习几何过程中的思路历程,本身是一项非常有意思的议题,不在这儿细述,有兴趣的读者请参看韦斯特福尔撰写的牛顿传记(Richard S. Westfall, *Never at Rest*：*A Biography of Isaac Newton*, Cambridge University Press, 1980)。由

图 4

此,可以看到《原本》对当时的学者影响之深。

其次有名的例子是犹太裔荷兰哲学家斯宾诺莎(Baruch Spinoza，1632—1677)的《伦理学》(*Ethics*，1675)，完全按照《原本》的体裁铺陈他的论述，第一章以 8 个定义和 7 条公理开始，由此证明了 8 条定理，还有推论，甚至在证明的结尾加上念数学的人都熟悉的 Q. E. D.（拉丁文 quod erat demonstrandum 的缩写，意即"这就是要证明的"）!

18 世纪后期英国政治经济学家马尔萨斯（Thomas Malthus，1766—1834)著有《人口论》(*An Essay on the Principle of Population*，1798)，也在开首先作两个假设，在书上他把这两个假设叫做"公设"(Postulata)：(1)对于人类的生存，食物是必需的；(2)两性之间的情欲是必需的，并且将以相近目前的状态持续下去。由这两个"公设"他论证人口增长率较诸地球能为人类生产食物的增长率大上无限倍，前者以几何级数增加，后者仅以算术级数增加。由此他得出结论，人类的进步不是全无限制的，他悲观地预测"人种也不可能依靠任何理性的努力逃脱这项法则。…… 在人类中间，其后果是苦难和罪恶。"撇开他的预测有没有考虑全部因素，或者是否正确不论，他的推断手法明显是受到《原本》影响。

美国开国元勋之一的杰斐逊（Thomas Jefferson，1743—1826)在 1776 年起草《独立宣言》(*The Declaration of Independence*)（图 5)，当中亦透露出《原本》风格的影响。

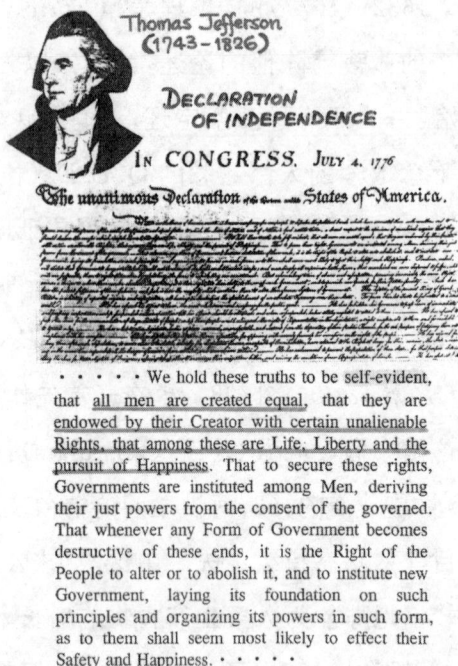

Thomas Jefferson
(1743-1826)

DECLARATION
OF INDEPENDENCE

IN CONGRESS. JULY 4. 1776

The unanimous Declaration *** *** *** States of America.

· · · · · We hold these truths to be self-evident, that all men are created equal, that they are endowed by their Creator with certain unalienable Rights, that among these are Life, Liberty and the pursuit of Happiness. That to secure these rights, Governments are instituted among Men, deriving their just powers from the consent of the governed. That whenever any Form of Government becomes destructive of these ends, it is the Right of the People to alter or to abolish it, and to institute new Government, laying its foundation on such principles and organizing its powers in such form, as to them shall seem most likely to effect their Safety and Happiness. · · · · ·

图 5

　　这份文件先宣布"自明之真理"(不用证明的公理),即是"人皆生而平等,每人均由造物主赋予某种不可剥夺的权利,其中包括生存、自由与谋求幸福的权利"。基于这些公理,宣言论证美洲大陆的英国殖民地应成为自由独立的国家。顺带一提,杰斐逊受过的数学训练,以美洲殖民地教育水平而言,算是挺不错的,在他与朋友的书信中也提过他喜欢阅读欧几里得(的《原本》)!

　　杰斐逊是美国第三任总统,美国另一位总统(第 16 任)

林肯(Abraham Lincoln，1809—1865)也喜爱数学，在自传中他提到在担任国会议员期间熟读了《原本》前六卷，无怪乎他曾经说过：

> "任何人都有极大信心说服一位愿意讲道理的小孩，使他接受欧几里得那些较简单的定理；但如果对方不接受定义和公理的话，他便完全束手无策，以失败告终。杰斐逊定下的原则是自由社会的定义和公理。"

在 1863 年 11 月林肯在葛底斯堡(Gettysburg)公墓前作了一个非常有名的演说，开首一句便是：

> "87 年前，我们的先辈在这块大地上创建了一个新的国家，孕育于自由，奉行人皆生而平等的原理(proposition)。"

在西方社会，数学常常在数学以外的其他领域占一席位。譬如艺术，文艺复兴时期的博学通才达·芬奇(Leonardo da Vinci，1452—1519)便说过类似柏拉图学院大门上面的话："不谙数学者不要试图明白我(Let no one read me who is not a mathematician)"。其实，文艺复兴时期的著名美术家同时也是数学家，除了达·芬奇，还有亚尔贝蒂（Leone Battista Alberti, 1404—1472），弗兰切斯卡（Piero della Francesca, 1412—1492），丢勒（Albrecht Dürer, 1471—1528）等。瑞士的现代艺术家、建筑师比尔（Max Bill, 1908—1994）说过：

> "我深信一种崭新的艺术形式有可能演化出来，是艺术家基于丰富数学思想内容做出来的作品。…… 但艺术明显地既要求感觉也要求理性。"

（Die mathematische Denkweise in der Kunst unserer Zeit, *Werke* 3（1949）.）

原籍瑞士的法国建筑大师、美术家、雕塑家柯布西耶（Le Corbusier，真名为 Charles-Eduard Jeanneret-Gris, 1887—1965）说：

> "数学是人类构思的伟大建筑，用以了解宇宙。它包含了绝对的，也包含了无限的；它包含了可以明了的，也包含了永远捉摸不到的。"

现代美术大师毕加索（Pablo Picasso，1881—1973）说得更精彩：

> "我们都知道艺术并不是真理，艺术是谎言；然而这谎言能够教育我们去认识真理，至低限度认识我们能够达致的真理。"

如果把"艺术"一词换作"数学"，我认为完全适用，并且道出了数学的本质！

霍夫斯塔（Douglas Hofstadter）写了一本非常有趣的书，题为《GBF：一条永恒的金带》（*Gödel，Escher，Bach：An Eternal Golden Braid*，Harvester Press，1979），把一位数理逻辑家哥德尔（Kurt Gödel，1906—1978），一位美术家艾歇尔（Maurits Cornelis Escher，1898—1972）和一位音乐家（Johann Sebastian Bach，1685—1750）拉在一起，显示了数学、美术和音乐的奇妙共通点。

在西方文学中，欧几里得（代表了数学）亦不时出现。在 1914 年美国诗人林赛（Nicholas Vachel Lindsay，1879—1931）写了一首俏皮短诗，描述老人欧几里得与一位稚子在沙滩上绘画圆圈的故事；老人沉迷于几何证明，小儿却被那些月亮图画吸引过去！另一位美国女诗人米莱（Edna St. Vincent Millay，1892—1950）在 1920 年写的一首诗,首句便是"欧氏独览真纯美"(Euclid alone has looked on Beauty bare)。英诗对数学的最高礼赞来自英国浪漫主义"桂冠诗人"华兹华斯(William Wordsorth,1770—1850),在他的长诗《序曲》(Prelude,1805,但 1850 才出版),多处提到几何,尤其有一幕描述一位在海上遇到事故幸存的人,沉船后登上一个荒岛,除了匆匆带在身边的一本数学书(《原本》乎?),孑然一身! 但他在沙滩上绘图做几何题自娱,竟乐以忘忧,赞叹曰:"心灵充满图形,抽象思维魅力何其巨大。…… 纯粹智性,创建了独立的世界。"这使人想起一幅版画,苏格兰数学家格雷戈里(David Gregory,1659—1708)把它用作卷头插画,放在由他编撰的欧几里得著作汇编(Euclidis Quæ supersunt Omnia,1703)前页(图6)。画中有三位古代学者沉船后获救上岸,在沙滩见到有些几何图形画在地上,高兴得大叫:"不要害怕,我看见了人类文化的足迹!"

还有 19 世纪俄国作家陀思妥耶夫斯基(Fyodor Dostosyevski,1821—1881)的小说《卡拉马佐夫兄弟》(*The Brothers Karamazov*,1879/1880)里有一段两兄弟的对话,竟用上了非欧几何! 数学史上第一个非欧几何(双曲几何(hyperbolic geometry)),在 19 世纪 20 年代末 30 年代初才面世,作家用上它,可谓紧贴数学发展,又或者说明了这个数学发现在当时的文化圈子里也有反响。

Aristippus Philosophus Socraticus, naufragio cum ejectus ad Rhodiensium litus animadvertisset Geometrica Schemata descripta, exclamavisse ad comites ita dicitur Bene Speremus, Hominum enim vestigia video
Vitruv. Archite? lib.6. Præf.

图 6

  非欧几何在西方数学史的故事,绵延两千多年,溯源于《原本》的"第五公设"(The Fifth Postulate)(等价于后来被引入的"平行公设")。在 19 世纪发生的事情,进一步说明《原本》在西方思想史担当的重要角色,岂仅止于一本数学书而已。在这儿我不叙述这段故事,只介绍当时发现非欧几何的两位数学家,其一是匈牙利的年轻人波尔约(János Bolyai,1802—1860),另一位是比他年长十岁的俄罗斯人罗巴切夫斯基（Nikolai Ivanovich Lobachevski，1792—1856）。波尔约的父亲老波尔约（Farkas Bolyai，1775—1856）有位老同学是当时名满欧洲的德国数学家高斯（Carl Friedrich Gauss，1777—1855），年轻时他们两人经常讨论这个"第五公设"的争议，所以老波尔约马上把儿子这项了不起的成就告诉高斯，谁料得到的回复却叫他既诧异也沮丧，因为高斯劈头便说："如果我开始便说我不能称赞这项工作，你一定非常诧异，但我无法不是这样说，因为称赞它即是称赞我自己。"原来高斯很早已有相同的发现，但他缺乏勇气面对旁人反对这惊世骇俗的反传统意念，一直没有发表出来。当时统治欧洲思想界的德国哲学家康德（Immanuel Kant，1724—1804）提出的认识论里，欧氏几何乃先天综合型知识的典型代表，是最有价值的知识（后天型知识不可靠，分析型知识无新知）。欧氏几何乃天经地义，连高斯也不愿"冒天下之大不韪"提出相反的看法！由此可见欧氏几何并不只是统治了数学界，也影响了思想界。由"第五公设"争论引起的探讨，透过高斯和黎曼（Georg Friedrich Bernhard Riemann，1826—1866）的慧眼，揭示了几何与物理的深刻关系，引致 20 世纪爱因斯坦给时空及引力数学阐述，此乃后话矣。

四

近代学者梁启超(1873—1929)在《清代学术概论》提及"自明之末叶,利玛窦等输入当时所谓西学者于中国,而学问研究方法上,生一种外来的变化。其初惟治天算者宗之,后则渐应用于他学。"(原刊载于《改造杂志》,1920/1921)。另一位学者陈寅恪(1890—1969)指出"夫欧几里得之书,条理统系,精密绝伦,非仅论数论象之书,实为希腊民族精神之所表现。此满文译本及数理精蕴本皆经删改,意在取便实施,而不知转以是失其精意。"(《几何原本》满文译本跋,原载《历史语言研究所集刊》第二本第三分册(1931))。可见国人已看到《原本》的文化意义,但其实徐光启早于译成《几何原本》之时已深明此理。

徐光启学习《原本》前六卷——更确切地,是克拉维斯改编本的前六卷——对西方的数学思想有相当深刻的认识,与他接触西学前的用心学习不无关系。到了明代,不少中国古代数学典籍已经佚失不全。程大位(1533—1600)在1592年著述《算法统宗》,结尾一章列举 51 本数学典籍,当中有 18 本是明代数学家的作品,明代之前的书本,几乎完全没有宋元四大家(李冶(1192—1279),秦九韶(1202—1261),杨辉(1238—1298),朱世杰(1260—1320))的著述,除了四本杨辉的书和一本由顾应祥(1483—1565)按照李冶的《测圆海镜》编撰的删节本。徐光启年轻时候读到的数学书籍,主要应该是程大位的《算法统宗》及另一位明代数学家吴敬(1450 前后)在 1450 年编撰的《详解九章算法》,他也应该懂得古籍《周髀算经》。在还没有接触西学之前,在1603 年他向上海知县刘一爌上书《量算河工及测验地势法》,文章内容显示他掌握了测量及勾股的知识,不过就像很多中国古算书一样,对于这些方法的道理他并没有多加说明。几年后他从利玛窦那儿学了西方的几何及测量,结合中西之学,在 1608 年著有《测量异同》及《勾股义》,对中国古算书的方法作了解说。

　　虽然客观条件局限了徐光启对中国传统数学的认识,他并非是只懂菲薄中学盲目崇拜西学之辈。固然,他曾在《刻〈同文算指〉序》(1614)说过这样的话:"即其数学精妙,比于汉唐之世十百倍之,…… 虽失十经,如弃敝屩矣。"好像十分看不起"旧术"(中国传统数学)。但这类"偏激过火"之言,也许是一时忧心而发;况且,在同一篇文章,他也提到"唐六典所列十经(指《算经十书》),博士弟子五年而学成者,又何书也? 由是言之,算数之学特废于近世数百年间尔。废之缘有二:其一为名理之儒士苴天下之实事;其一为妖妄之术谬言数有神理,能知来藏往,靡所不效。…… 益复远想唐学十经,必有原始通极微渺之义,若止如今世所传,则浃月可尽,何事乃须五年也?"

　　徐光启明白中国传统数学——至少是他所认识的中国
传统数学——之不足,从学习《原本》中他看到西方数学的
长处,在以后的著述中他处处提及这一点。利玛窦在日记
里有以下的叙述:

　　　　"…… 但中国人最喜欢的莫过于欧几里得的
　　《原本》。也许是因为没有人比中国人更重视数学
　　了,尽管他们的教学方法与我们有别;他们提出各
　　式各样的命题,却都没有证明。这样一种体系的
　　结果是任何人都可以在数学上随意发挥自己最狂
　　放的想像力而不必提供确凿证明。他们看到欧几
　　里得与之相反的一个不同的特色,亦即命题是按
　　特定次序作叙述,而且对这些命题给予的证明是
　　如此确凿,即使最固执的人也无法否认它们。"

　　　　(金尼阁(Nicolas Trigault)在 1615 年编撰,
　　英译本为 Louis J. Gallagher, *China in the Six-
　　teenth Century*:*The Journals of Matthew Ricci*,
　　1583—1610, Random House, 1953)

　　利玛窦有此言,是因为如同徐光启一样,他亦无从知道
中国传统数学并非只有方法及计算,其实也有解释及证明。

就当时的情况而言，可以说徐光启领会到了《原本》的精神。在《题〈测量法义〉》（1608）他说："西泰子之译测量诸法也，十年矣。法而系之义也，自岁丁未始也。曷待乎？于时几何原本之六卷始卒业矣，至是而后能传其义也。是法也与周髀九章之勾股测望，异乎？不异也。不异何贵焉？亦贵其义也。"又在《测量异同》绪言（1608）说："九章算法勾股篇中，故有用表、用矩尺测量数条，与今译测量法义相较，其法略同。其义全阙，学者不能识其所緐。既具新论，以考旧文，如视掌矣。"多年后在治历期间，他再强调这一点，譬如在 1630 年向朝廷上《测候月食奉旨回奏疏》当中有言："不知其中有理、有义、有法、有数。理不明不能立法，义不辨不能着数。明理辨义，推究颇难；法立数著，遵循甚易。……此则今之愈繁，乃后之愈简；以臣等之甚难，开诸臣之甚易，何足畏哉！"

　　徐光启如此看重西方数学这一点长处，主要是为了更好运用数学于天文、军事、历法等事情。刘钝在他的文章论及《几何原本》之完璧已经指出，徐光启《刻〈几何原本〉序》（1607）短短一篇文字中出现了 11 次"用"字！自他跟随利玛窦学习西算之后，他多次指出"盖凡物有形有质，莫不资于度数故耳"（《条议历法修正岁差疏》1629），正好呼应同时代人，意大利科学家伽利略（Galileo Galilei，1564—1642）的名言："大自然的奥秘都写在这部永远展开在我们面前的伟大书本上,如果我们不先学会它所用的语言,就不能了解它,…… 这部书是用数学语言写的。"就这角度看,深为徐光启诟病的"谬言数有神理",或者可以看做是古人喻义式的夸张说法而已,有如《孙子算经》(公元 4 世纪)原序说:"夫算者,天地之经纬,群生之元首,…… 历亿载而不朽,施八极而无疆。"可云包罗万有,把数学形容得出神入化。但简而言之,不又是数学乃大自然的语言吗?不过徐光启显得实际多了,他提出"且度数既明,又可旁通众务,济时适用,……"(《条议历法修正岁差疏》,1629),更明确列出《度数旁通十事》:"其一(天气),其二(测量),其三(乐律),其四(军事),其五(会计),其六(建筑),其七(机械),其八(舆图),其九(医学),其十(时计)。右十条于民事似为关切。臣闻之周髀算经云:禹之所以治天下者,勾股之所繇生也。盖凡物有形有质,莫不资于度数故耳。"

西方到了 19 世纪初,法国哲学家孔德(August Comte,1798—1857)提出以数学为基,逐步扩展至各学科,最终达致最有用的社会学,故被尊为"社会学之父",那是更进一步发展"度数旁通十事"了! 同时代的比利时数学家、科学家凯特勒(Aldophe Quetelet,1796—1874)成功地把统计方法引入社会科学,扩阔了数学的应用范围。时至今日,数学应用已从传统的物理、化学、工程,扩展至社会科学、经济金融以至生物科学,我们不妨说"度数旁通万事"。

回头再看古人"虚玄幻妄之说"(徐光启语,见《刻〈同文算指〉序》),大概也不会认为是夸大其词吧!

徐光启非常盼望别人也能达到他一样的认识,从学习《原本》入手。在《〈几何原本〉杂议》(1607),他表达了这种期望:"意皆欲公诸人人,令当世亟习焉,而习者盖寡。窃意百年之后必人人习之,即又以为习之晚也,而谬谓余先识,余何先识之有。"可惜事与愿违,清初杜知耕(1685年前后)著《数学钥》(1681),友人李子金作序有言:"京师诸君子即素所号为通人者,无不望之反走,否则掩卷而不谈,或谈之亦茫然而不得其解。"

从数学发展角度看,《几何原本》译成后,沉寂了好一段时期,至清代康熙年间第一次"西学东渐",虽然引进了一些西方的数学,但中国数学家对西方数学精神的掌握,已不如徐光启之深刻。其后因数学以外的原因,兴起了"西学中源"的说法,更加冲淡国人对西方数学精神的认识。至道光咸丰年间第二次"西学东渐",中国已经处于被动形势,急欲学习西方技术以自强,也就不容易看到西方崛起的文化背景和科学精神之重要了。

因此,就数学发展而言,《几何原本》对中国本土数学虽然有影响,但不算大。举一个例子,《几何原本》在中国,并没有激发起像在西方数学世界绵延逾两千年的"第五公设"争论,导致"非欧几何"思潮与及随之而发生一连串对数学本质的反思。中国数学在 19 世纪中叶以后步入现代化,但所谓现代化,也就是西化,由西方数学作主导,至今依然。当然,中国数学家融入现代(西方)潮流也是好事,而且不少中国数学家对现代数学贡献亦不少,但有时我不期然想起史宾格勒的学说。西方数学由十六十七世纪至今独领风骚,间接地说明西方文化占了主导地位;在历史长河,五百年算不了什么,这种盛况只是一个片断而已。

《几何原本》在中国大地上于数学与应用的影响,虽然远不如徐光启预期之广之深,但他可能想不到他撒下了种子,却在他想象不到的领域开花结果。《几何原本》的引进,乃西学传入中国的起步,接着的二百多年间,越来越多西方书籍给翻译成中文,吸引了越来越多中国知识分子去学习西学,其中又以数学和科学特别受到注意。有两位人物在这儿不能不提,就是康有为(1858—1927)与谭嗣同(1865—1898)。

按照康有为的年谱,22 岁时他"渐收西学之书,为讲求西学之基矣",至 25 岁时经上海"大购西书以归,11 月抵家,自是大讲西学,而尽释故见",27 岁时"旁收四教,兼为算学,并涉猎西学书",28 岁(1885 年)"从事算学,以几何著人类公理"。"人类公理"一书,后编为《实理公法全书》,依《几何原本》公理化风格写成(图 7),后来他以此为基础,把它扩充而成他的名著《大同书》。

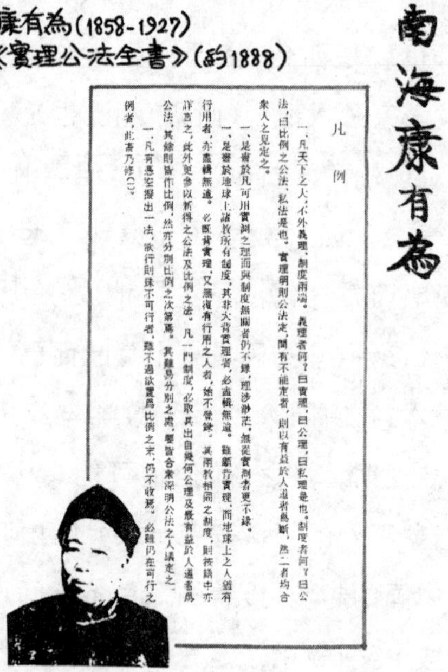

康有为（1858-1927）
《實理公法全書》（約1888）

凡例

一、凡天下之大，不外乎義理、制度兩端。義理者何？曰實理、曰公理、曰虛理是也。制度者何？曰公法、曰比例是也。制度明則公法定，間有不能定者，則以有益於人道者為斷，然二者均合眾人之見定之。

一、是書於凡可用實測之理而制度有之者，非必火育實測者必不定，皆藉以講教所有制度，其非火育實理理涉妙茫，無從實測者亦不定，必藉以講求之理而制度亦無據。

一、有實理有公理，又須實理公理之行用得人，給不覺健，採用教術正之，論地球上之人須有制度，必藉黃理。而地球上之人須有制度，各地之制度有異同，其非火育實理者，別地球上之人亦有詳意之，此外更參別制得之次序焉。凡一門制度，必求其出自幾何公理及教事最詳之理。

公法一其藉制得作比例焉，然亦分例比例之次第焉，其難易分別之處，蓋暫會案而就合其義，其餘比例比例之末，仍不收束，必難的在實行之。

例者，此書乃修訂。

一、凡有虛理推出一法，宋行價珠不可行，隱不過談賈易比例之末，仍不收束，必難的在實行之。

南海康有为

图 7

可惜同年他因大病而"脑乱病久，记性遂衰，从此不敢复致力于算学"。但康有为的学说，影响了他的学生，包括梁启超和谭嗣同，三人都是推动近代中国进展的历史人物，涉入 1898 年的历史事件"百日维新"与"戊戌政变"。可惜变法失败，康梁逃亡日本，而谭则被捕处死，从容就义。

谭嗣同不只自己钻研数学，他还明白数学能培养人才，所以在 1895 年写了一篇《兴算学议》，向欧阳中鹄建议在家乡浏阳（湖南省）开设算学馆以储才。他撰写了算学馆章程，有言：

> "本馆之设，原以培植人才，期臻远大，并非为诸生谋食计。算学为格致初基，必欲诣极精微，终身亦不能尽。
>
> ……
>
> 古者六艺，礼、乐、射、御、书、数，算特其一。即论西人致用，自算学始，不自算学止。诸生所学，当先立乎其大者，重伦常，慎言行，崇礼义，尚廉耻。而于所业则勿忘，勿助长，无欲速，无见小利，知及仁守，富有日新，
>
> 然后体立用行，推己及物。……"

谭嗣同著《仁学》（1899），为变法奠定理论基础。该书以公理化体裁写成，显示《几何原本》予他的影响。书的内容不是论述数学，叙述中却出现数学表达形式（图8），不期然使人想起西方斯宾诺莎的《伦理学》来。

图 8

五

　　西方的几何教育,长期以来均基于《原本》,包括不同时期由不同数学家编写的版本,内容细节上或有出入,但基调无改。至 18 世纪法国数学家克莱贺(Alexis Claude Clairaut,1713—1765)以不相同的教学观点写成《几何原理》(*Élements de géométrie*,1741 初版,1753 再版),以直观及应用作切入点,并不依循《原本》的纯公理化处理方式,却力求学的人明白个中脉络与定理铺排的动机。后来另一位法国数学家勒让德（Adrien-Marie Legendre，1752—1833）在1794年写了一本同名的几何教本，回到《原本》的公理化处理方式，但加入当时的数学知识把阐述改得更流畅易明，大受欢迎。其后出了很多个修订版，至1852年被译作英文，译者是当时美国西点军校数学系主任戴维斯（Charles Davies，1798—1876）。该课本在英美甚为流行，至20世纪初而不稍衰。

19世纪中叶而后百年间，几何课改革起伏不已，除了学习方法及课程内容外，学习的理念及目的也有转变。英国的情况是一个鲜明例子，对维持《原本》的古典教育抑或引入新的几何教育分成两派。有兴趣的读者请参看理查德斯（Joan L. Richards）的著述《数学远景：维多利亚时代英伦的几何教育》(*Mathematical Vision：The Pursuit of Geometry in Victorian England*，Academic Press，1988)，于此不赘。

这种争论在20世纪60年代再度点燃，法国数学家迪厄多内（Jean A. Dieudonné，1906—1992）提出"不要欧几里得（Euclid must go）"的口号，在当时支持及反对的两方争辩得颇激烈，有兴趣的读者请参看贺尔逊（Albert Geoffrey Howson）的文章"几何：1950—1970"（收于：D. Coray et al（eds.），One Hundred Years of L'Enseignement

Mathématique：Moments of Mathematics Education in the Twentieth Century，*L'Enseignement Mathématique*，2003，115-131)，也于此不赘。

其实，几何教育的价值，不仅有其技术内容的一方面及训练逻辑思维的一方面，也不仅因为它是横跨严谨逻辑式纪律与天马行空式创意，而且介乎抽象理论与实际空间的一个学科，既易引起学习热情又能培养严谨的工作习惯。较少受到重视的，是几何教育在德育方面的作用。要是我们回顾"欧先生"初抵中国时徐光启如何看重几何学习的德育元素，似乎要生出一些今不如昔的感叹！

徐光启的《〈几何原本〉杂议》乃不可多得之佳作，值得细读，在数学课以外也不妨用作教材。他说："下学工夫有理有事；此书为益，能令学理者祛其浮气，练其精心，学事者资其定法，发其巧思，故举世无一人不当学。"又说："此书有五不可学：燥心人不可学，粗心人不可学，满心人不可学，妒心人不可学，傲心人不可学。故学此者，不止增才，亦德基也。"并不是说读了几何即成为圣人（数学家群中也有德行不是那么完美的人），但正如徐光启所言，数学对人的品格培育和处事态度，有一种潜移默化作用。学习初等平面几何，其实就有陶冶人的品格、鉴赏真善美的启蒙作用，如果学校只把数学看作一种实用工具的话，就连这一点作用也抹掉了。

刚于数年前逝世的俄罗斯数学教育家沙雷金(Igor Fe-
dorovich Sharygin，1937—2004)对几何情有独钟，并且
说过：

> "几何乃人类文化重要的一环。……几何，还
> 有更广泛的数学，对儿童的品德培育很有益处。
> ……几何培养数学直觉，引领学生进行独立原创
> 思维，……几何是从初等数学迈向高等数学的最
> 佳途径。"

他还说：

> "学习数学能够树立我们的德行，提升我们的
> 正义感和尊严，增强我们天生的正直和原则。数
> 学境界内的生活理念，乃基于证明，而这是最崇高
> 的一种道德概念。"

今天，有多少数学教师仍然怀着这种信念在课堂上授
课呢？这使我想起历史学者巴森(Jacques Barzun)(今年正
好是他的100周年诞辰)说过一句话："教学不是逝去了的
艺术，然而对它的尊重却是逝去了的传统。"("Teaching is

not a lost art，but the regard for it is a lost tradition.*见
诸 *Newsweek*，December 5，1955）

六

本文开首已经说过,叙述内容像个故事多于像一篇学
术论文,所以参考文献也没有按照学术论文的规格胪列。
不过,有些书本文章对我的帮助很大,是要写下来供读者参
考的。

(1)关于徐光启的研究,文献多不胜数,这儿只列出一
本文集:

*Statecraft and Intellectual Renewal in Late Ming
China：The Cross-Cultural Synthesis of Xu Guangqi*
(1562—1633)，edited by Catherine Jami，Peter Engelfri-
et，Gregory Blue，Brill，Leiden，2001.

书内与《原本》特别有关系的有下列几篇论文:

· K. Hashimoto，C. Jami，From the *Elements* to cal-
endar reform：Xu Guangqi's shaping of mathematics and
astronomy，263-278；

· P. Engelfriet，M. K. Siu，Xu Guangqi's attempts to
integrate Western and Chinese mathematics，279-310；

· Q. Han，Astronomy，Chinese and Western：The

influence of Xu Guangqi's views in the early and mid-Qing，360-379；

· W. S. Horng, The influence of Euclid's *Elements* on Xu Guangqi and his successors，380-397。

也请参考书末的文献。

有一篇文章,是讨论徐光启的数学思想:

· 张杰恒 (J. H. Zhang)，许康(K. Xu),徐光启的数学理性观与数学教育思想 (Rational Mathematical viewpoint and thought on mathematics education of Xu Quangqi)，数学史研究文集（*Research Papers on History of Mathematics*）1993,4:117-123。

(2)关于《原本》,它的翻译及其对明清数学的影响,有下列文献:

· 梅荣照,王渝生,刘钝，(R. Z. Mei, Y. S. Wang, D. Liu)，欧几里得《原本》的传入和对我国明清数学的影响 (Euclid's *Elements*: Its transmission into China and its influence on the mathematics of the Ming and Qing periods)，in《明清数学史论文集》(*Collected Papers on the History of Mathematics in the Ming and Qing Periods*)，edited by 梅荣照 (R. Z. Mei)，江苏教育出版社,南京,1990. 53-83；originally published in《徐光启研究论文集》(*A Collection of Essays in Research on Xu Guangqi*)，edited by 席泽宗(Z. Z. Xi)，吴德铎 (D. D. Wu)，Xuelin Publishing，1986. 49-63；

· 莫德 (D. Mo)，《欧几里得几何原本研究》(*Study on Euclid's Elements*)，内蒙古人民出版社，呼和浩特，1992；

· P. Engelfriet，The Chinese Euclid and its European context，in *L'Europe en Chine：Interactions scientifiques，religieuseset culturelles aux XVlle et XVllle siècles (Mémoires de l'Institut des Hautes Etudes Chinoises XXXIV)*，edited by C. Jami，H. Delahaye，Collège de France，Paris，1993. 111-135；

· P. Engelfriet，*Euclid in China：A Survey of the Historical Background of the First Chinese Translation of Euclid's Elements (Jihe yuanben；Beijing，1607)，an analysis of the translation，and a study of its influence up to* 1723，PhD dissertation，Leiden University，1996；

· 刘钝 (D. Liu)，从徐光启到李善兰 ——以《几何原本》之完璧透视明清文化(From Xu Guangqi to Li Shanlan：Investigation of Ming-Qing culture through the completion in translating *Elements*)，自然辩证法通讯(*Journal of Dialectics of Nature*)，1989,11(3):55-63。

(3)以下几篇文章，是关于中西数学交会的历史背景和情况：

• S. R. Du，Q. Han，The contribution of French Jesuits to Chinese science in the seventeenth and eighteenth centuries，*Impact of Science on Society*，1992（167）：265-275；

• C. Jami，Scholars and mathematical knowledge during the late Ming and early Qing，*Historia Scientiarum*，1991（42）：99-109；

• C. Jami，Western mathematics in China，seventeenth century and nineteenth century，in *Science and Empires：Historical Studies About European Expansion and Scientific Development*，edited by P. Petitjean et al，Kluwer，Dordrecht，1992. 79-88。

（4）数学在西方文化的地位，可以参看：

• J. V. Grabiner，The centrality of mathematics in the history of Western thought，in *Proceedings of the International Congress of Mathematicians*，*August* 3-11，1986，*Berkeley*，*USA*，edited by A. M. Gleason，American Mathematical Society，1987. 1668—1681；reprinted in *Math. Magazine*，1988（61）：220-230；

• M. Kline，*Mathematics in Western Culture*，Oxford University Press，New York，1953。

从离散数学到数学文化^①

一

非常感激第 17 届组合数学暨新苗研讨会的主办者,特别是傅恒霖教授和陈秋媛教授,邀请我来参加这趟盛会。40 年前我也是新苗,如今是老树矣!更高兴者,这趟盛会同时庆祝李国伟教授 60 岁生辰,让我有机会当面向国伟兄

① 这篇是 2008 年 8 月在台湾新竹"国立"交通大学举行的第 17 届组合数学暨新苗研讨会上的讲演,也是借此庆祝李国伟教授的 60 岁生辰,并向他对离散数学、数学史、数学普及、文化推广工作的贡献表达敬意。李国伟教授 1976 年从美国学成回台湾"中央研究院"数学研究所工作,埋首耕耘 30 多年,曾任数学研究所所长及"中央研究院"总办事处处长。李教授推动科研及科普不遗余力,贡献良多。他的著作及译作甚丰,曾获"李国鼎通俗科学写作奖"及"吴大猷科普著作奖翻译奖佳作奖"。

表达我对他的钦佩和敬意。

国伟兄对离散数学、数学史、数学普及工作、文化推广工作,贡献良多。于我而言,过去将近二十年,在这几方面他都给我不少帮助、指点和鼓励。从大学至研究院至从事数学工作,国伟兄走过的路,我跟他有一点相似。在那个年代,到美国念书的中国留学生,毕业后留在彼邦发展的十居其九,我们却各自回到自己的家乡,国伟兄回了台湾,我回了香港,直到现在,三十多年过去了。当然,套用现正在北京举行的奥林匹克运动会的格言,国伟兄是比我"Citius,Altius,Fortius(更快,更高,更强)"!

闲话休提,言归正传。

二

离散数学引人入胜的特色有三点:其一者,具体方面它可谓伸手能及,但抽象方面它任由想象翱翔;其二者,应用方面它涵盖极广,事例众多;其三者,它的各项课题貌似不同,却互相密切关联,至其底蕴,往往归结为古老的数论和几何。

先来看一个例子,是以下的问题:在正六边形的端点上放一枚红珠、一枚黄珠、四枚绿珠,共有多少个真正不同的构形? 所谓真正不同,就是不能凭旋转或反转由一个变成另一个。即使完全不懂数学的人，只要他有耐性和有条理，画一下便知道只有三种构形，即是红珠和黄珠相邻、或者相隔一个位、或者相隔两个位。要是问题换作是把二枚红珠、一枚黄珠、三枚绿珠放在六个端点上，利用类似的步骤也不难找到只有六种构形，虽然要多费一点时间去胪列全部情况。这类问题十分具体，答案亦触手可及，说一不二，斩钉截铁。起初，我们不一定懂得为何答案是如此，也不懂得如何预测更一般情况的答案，但至少对较简单的具体情况我们有一种捉摸得到的感觉，不像有些数学问题，从开首已经踏入了抽象境界，于初学者而言，近乎"虚无飘渺"！

话得说回来，不要以为问题只涉及有限情形便不复杂，就像这个问题，相信读者不希望每次都要胪列全部可能的情况才求到答案。运用数学知识，这类问题有极漂亮的算法，是群论及组合数学的一个优美结合，由数学家波利亚（George Pólya，1887—1985）在 1937 年提出来（其实另一位数学家列尔菲尔（John Howard Redfield，1879—1944）在 1927 年已经独立地提出了这种想法）。读者无须理会个中详情，也可以从下面的数式感受到其间涉及不少数学理论。（有兴趣的读者，不妨参看一本普及读物：萧文强，《波利亚计数定理》，湖南教育出版社，1991 年。）波利亚引进一个对称群的圈指标这个概念，不同的问题与不同的对称群有关。在上面的问题，用到的是正六边形的对称群，正式术语叫做十二阶二面体群,通常记作 D_6。这个群的圈指标计算出来是 $Z(D_6) = \frac{1}{12}X_1^6 + 4X_2^3 + 2X_3^2 + 3X_1^2X_2^2 + 2X_6$。

如果我们把 X_1, X_2,$\cdots$, X_6 分别换成 $r+y+g$, $r^2+y^2+g^2$, $\cdots$, $r^6+y^6+g^6$, $Z(D_6)$ 便给换成一条公式 $I(r,y,g) = r^6 + r^5y + r^5g + 3r^4y^2 + 3r^4yg + \cdots + 6r^2yg^3 + \cdots + 3ryg^4 + \cdots + yg^5 + g^6$。看上去是否有些眼花缭乱呢?但奇妙的事情,是那些系数竟然就是我们要找的答案!譬如 $3ryg^4$ 表示有三个真正不同的构形,有一枚红珠(r)、一枚黄珠(y)、四枚绿珠(g);$6r^2yg^3$ 表示有六个真正不同的构形,有二枚红珠、一枚黄珠、三枚绿珠。

波利亚设计这种算法,心中有其应用,就是计算有机化学里某些化合物的同分异构体的数目。譬如烷烃系列 C_NH_{2N+2} 的 CH_4、C_2H_6、C_3H_8 各有一个同分异构体,但 C_4H_{10} 却有两个,C_5H_{12} 有三个,等等(图1)。

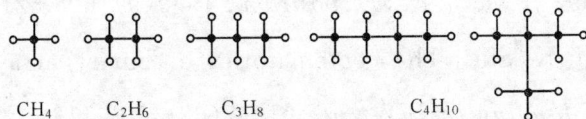

CH₄   C₂H₆   C₃H₈   C₄H₁₀

图 1

波利亚巧妙地运用他的计数理论,结合母函数理论成功地解决了这个问题。这个例子,是否反映了这一节开首提到离散数学引人入胜的三个特色呢？

我觉得这就有点像一堆群岛，我们见到海面上星罗棋布的岛屿，岛与岛之间没有相连，但其实在海底里却是一片相连的大陆(图 2)。我便有如一个潜泳员，在当中探幽寻微，欣赏那无限风光！

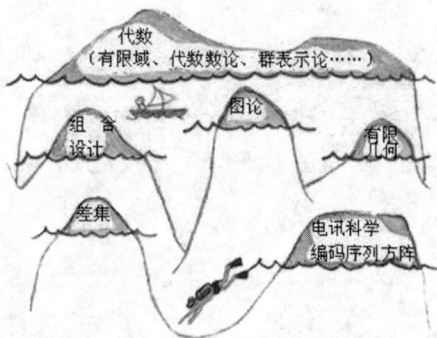

图 2

以前我写了几篇文章，介绍一些曾经吸引了我的课题：

M. K. Siu，From binary sequences to combinatorial designs，*J. Math. Res Exposition*，1989(9)：605-621；

M. K. Siu，The combinatorics of binary arrays，J. *Stat. Planning* & *Inference*，1997(62)：103-113；

M. K. Siu，Combinatorics and algebra：A medley of problems? A medley of techniques? *Contemporary Mathematics*，2000(264)：287-305。

渐渐我体会到前人智慧，几千年前他们已经指出难解的问题往往归结到古老的学问——几何及数论。柏拉图（Plato，427B. C.—347B. C.）说"神老是几何化。（God ever geometrizes.）"伽利略（Galileo Galilei，1564—1642）说："大自然的奥秘都写在这部伟大的书本上，……这部书用数学语言写的，它用的字是三角形、圆形及别的几何图形，……（〔Natural〕Philosophy is written in this grand book… written in the language of mathematics，and its characters are triangles，circles，and other geometric figures，…）"毕达哥拉斯（Pythagoras，560B. C. — 480B. C.）说："万物皆数。（All is number.）"雅可比（Carl Gustav Jacob Jacobi，1804—1851）说："神老是算术化。（God ever arithmetizes.）"拉格朗日（Joseph Louis Lagrange，1736—1813）说得更全面："有一位古代学者说过，算术及几何乃是数学的一对翅膀。（An ancient writer said that arithmetic and geometry are the wings of mathematics.）"他提到的学者可能是波义耳（Robert Boyle，1627—1691），只比他早活一个世纪。波义耳曾经说过："算术及几何，天文学家借着这对翅膀翱翔天际，与天比高。（Arithmetic and geometry，these wings on which the astronomer soars as high as heaven.）"

三

接着这两节，我打算叙述一些个人从事离散数学工作的片断故事，技术内容无疑较其他各节是浓厚一点，但读者不理会个中细节只作略读亦无妨，反正我也没可能仔细详述的。不过，完全跳去这部分，读者便失去机会观赏离散数学引人入胜的第三点，而正正好是这一点体会，引起我对数学文化的关注和兴趣。

我在美国哥伦比亚大学研究院攻读数学，跟随巴斯教授（Hyman Bass）研读代数 K-理论，在当时那是一门新兴的研究领域，进展蓬勃，新发现接踵而来，叫我学得既吃力也兴奋。1975 年夏，我受母校之聘，回到香港大学任教，顿然发现要继续贴近代数 K-理论研究颇有些困难。那个年代的香港，于科研而言乃边陲之疆，信息不流通，参加国际学术会议的交流机会也缺乏，和二十多年后相比，完全是另一番面貌。既然不容易贴近本行的研究，但我仍然钟情于数学，尤其是代数，便想到在别的方向另谋发展。

未返母校前三年，我在美国佛州的迈阿密大学工作，当时曾经旁听了一位同事伯逊教授（Alton Thomas Butson）开设的组合数学课，用的课本是霍尔（Marshall Hall, Jr., 1910—1990）的《组合论》（*Combinatorial Theory*，1967），令我很感兴趣。同时伯逊也给我介绍了齐勒尔（Neal Zierler）关于线性递归序列的论文（N. Zierler, Linear recurring sequences, *J. Soc. Ind. Appl. Math.*, 1959(7):31-48），引起了我不少联想。如今回头看,我被这些课题吸引过去,是否因为当中的代数内容有以致之呢? 刚回到香港大学的第一年,我被派任教一门应用数学课"排队论",其中有一节课提到模拟计算中运用的随机数,它们的生成与线性递归序列有点关系,唤起了我两三年前对组合数学产生的兴趣,便一头跳进去了。当时刚好有位勤奋好学的年轻人唐宝找我当他的硕士生导师,我们两人从细读齐勒尔的论文开始工作。

国伟兄专长于图论,让我就以一个图论问题作引子。问题是关于一串 0 和 1 组成的二元序列,我们尝试逐 n 个连续项察看。例如序列是（01010101…）而 $n=3$,则有 010、101、010、101、…,两次后模式即重复。换了序列是（0011101001110100111101…）而 $n=3$,则有 001、011、111、110、101、010、100、001、011…,七次后模式才重复,而且除却 000 以外,全部二元 n 重数组都出现一次。如果在适当位置添加一个 0,把序列变成是（00011101001110100011101…）,更能得到全部八个二元 n 重数组 000、001、011、111、110、101、010、100 了。把问题化为图论叙述形式,是考虑一种特殊的有向图,叫做德布鲁因-古德（de Bruijn-Good）图 G_n，顶点是全部二元 n 重数组，共有 2^n 个；两个顶点 a 和 b 有一条边相连，方向是从 a 到 b，当且仅当 a 的后面 $n-1$ 个元构成的数组恰好是 b 的前面 $n-1$ 个元构成的数组。取一个具体例子 G_3 看看好了（图 3），它包含有很多个圈分解，即是取全部顶点和部分边，某些点和某些边构成一个圈，每个圈各自当然是连通的子图，但圈与圈却是不相干的。在电子工程通讯科学中，这种圈分解可以由一种叫做移位寄存器的设备生成，例如图 4 所示的圈分解相当于四条序列（只列出一个周期）：（0），（1），（01），

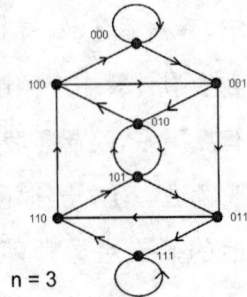

图 3

（0011）。数学上有个简捷的表达方式，是写成一条递归关系式 $s_i + s_{i+1} + s_{i+2} + s_{i+3} = 0$，$i \geqslant 0$。若置初始状态为 $s_0 = 0$，$s_1 = 0$，$s_2 = 0$，便由此得 $s_3 = 0$（用二元算术运算），$s_4 = 0$，$s_5 = 0$，等等，即是序列（0）。若置初始状态为 $s_0 = 0$，$s_1 = 1$，$s_2 = 0$，便由此得 $s_3 = 1$，$s_4 = 0$，$s_5 = 1$，$s_6 = 0$，等等，即是序列（01）。余类推便得出那四条序列，亦即是那个圈分解。

再多看一个例子（图 5），这次只有三条序列：（0），（001），（0111）。相应的递归关系式是 $s_i + s_{i+1} s_{i+2} + s_{i+3} =$

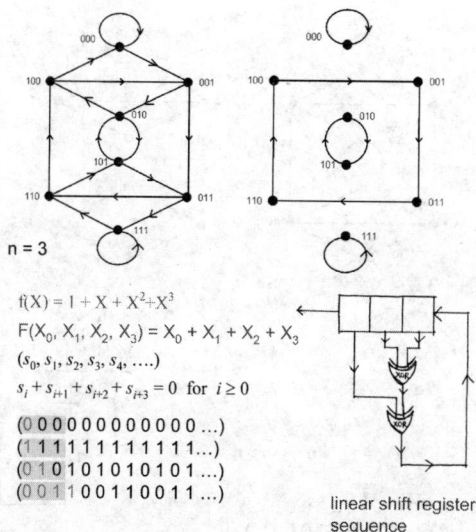

$f(X) = 1 + X + X^2 + X^3$

$F(X_0, X_1, X_2, X_3) = X_0 + X_1 + X_2 + X_3$

$(s_0, s_1, s_2, s_3, s_4, \dots)$

$s_i + s_{i+1} + s_{i+2} + s_{i+3} = 0$ for $i \geq 0$

$(0\,0\,0\,0\,0\,0\,0\,0\,0\,0\,0\,0\,0\,\dots)$
$(1\,1\,1\,1\,1\,1\,1\,1\,1\,1\,1\,1\,1\,\dots)$
$(0\,1\,0\,1\,0\,1\,0\,1\,0\,1\,0\,1\,0\,1\,\dots)$
$(0\,0\,1\,1\,0\,0\,1\,1\,0\,0\,1\,1\,\dots)$

linear shift register
sequence

图 4

0，$i \geqslant 0$。从数学上看，虽然两个例子的基本思想是一样，它们有一点性质极不相同，第一个涉及的关系式是"线性"的，而第二个涉及的关系式是"非线性的"。如果利用多项式去表示（读者不必担心个中技术细节，获取一种感觉便成），第一个例子可以写成 $F(X_0, X_1, X_2, X_3) = X_0 + X_1 + X_2 + X_3$，是个一次多项式，而第二个例子可以写成 $F(X_0, X_1, X_2, X_3) = X_0 + X_1 X_2 + X_3$，不是一个一次多项式。

更有趣的例子是当圈分解（i）只有一个圈，或者（ii）只有两个圈而其一是（00…0）。看看图 6 的例子，相应于（i）的序列是（00011101），多项式是 $F(X_0, X_1, X_2, X_3) = X_0 +$

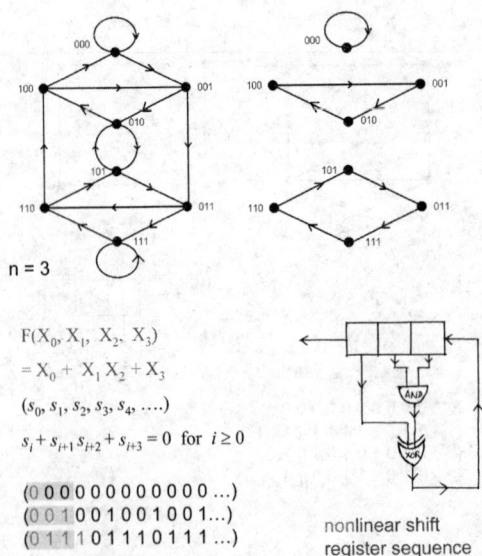

n = 3

$F(X_0, X_1, X_2, X_3)$
$= X_0 + X_1 X_2 + X_3$

$(s_0, s_1, s_2, s_3, s_4, \ldots.)$

$s_i + s_{i+1} s_{i+2} + s_{i+3} = 0 \text{ for } i \geq 0$

$(0\,0\,0\,0\,0\,0\,0\,0\,0\,0\,0\,0 \ldots)$
$(0\,0\,1\,0\,0\,1\,0\,0\,1\,0\,0\,1 \ldots)$
$(0\,1\,1\,1\,0\,1\,1\,1\,0\,1\,1\,1 \ldots)$

nonlinear shift
register sequence

J. Mykkelveit, M.K. Siu, P. Tong, On the cycle
structure of some nonlinear shift register
sequences, *Inform. Control*, 43 (1979), 202-215.

图 5

$X_1 + X_1 X_2 + 1 + X_3$；相应于(ii)的序列是(0)和(0011101)，多项式是 $F(X_0, X_1, X_2, X_3) = X_0 + X_2 + X_3$。这两个例子都在开首提过，它们的部分二元 n 重数组两两不同，而且全部出现（第二个例子只欠一个全零 n 重数组）。

一个自然产生的问题，是怎样由一条给定的多项式推算它对应的德布鲁因-古德图 G_n 的圈分解。若 $F(X_0, X_1, \cdots, X_n)$ 是一次多项式，已经有一套完备的理论，巨细无遗地描述有多少个圈，每个圈有多长。30 年前我便

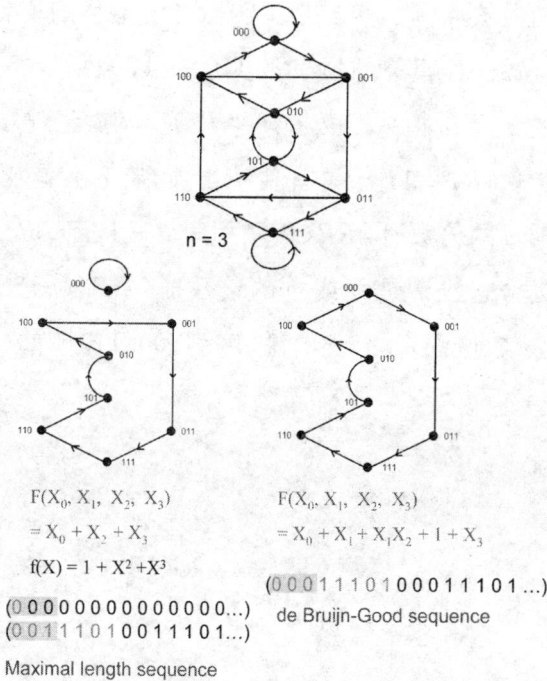

$$n = 3$$

$$F(X_0, X_1, X_2, X_3)$$
$$= X_0 + X_2 + X_3$$

$$f(X) = 1 + X^2 + X^3$$

(0 0 0 0 0 0 0 0 0 0 0 0 0 0...)
(0 0 1 1 1 0 1 0 0 1 1 1 0 1...)

Maximal length sequence

$$F(X_0, X_1, X_2, X_3)$$
$$= X_0 + X_1 + X_1 X_2 + 1 + X_3$$

(0 0 0 1 1 1 0 1 0 0 0 1 1 1 0 1...)
de Bruijn-Good sequence

图 6

对这个问题产生兴趣,做过一丁点工夫(J. Mykkelveit,M. K. Siu,P. Tong,On the cycle structure of some nonlinear shift register sequences,*Inform. Control*,1979(43):202-215),但像隔靴搔痒,距离目标十分遥远。据我所知,至今大家对这个问题还是知得不多。

让我们把(0011101)这条序列再仔细审视一下,把序列向右平移 t 个位,数一数相叠的项有多少个相同,有多少个不相同(序列是按周期重复自身的),把这两个数相减,得到的答案叫做该序列的实自相关函数在 t-平移的取值,记作 $RP(t)$。数一数相叠的项有多少个是 1,得到的答案叫做该序列的二元自相关函数在 t-平移的取值,记作 $BP(t)$。在这个特例,RP 和 BP 具备独特性质,若 t 不是 0 或不是序列周期 v 的倍数时,$RP(t)$ 取相同值-1,而 $BP(t)$ 取相同值 2;显然,当 t 是 0 或 v 的倍数时,$RP(t)$ 取值 7,而 $BP(t)$ 取值 4(图 7)。我们说,序列(0011101)的(实或二

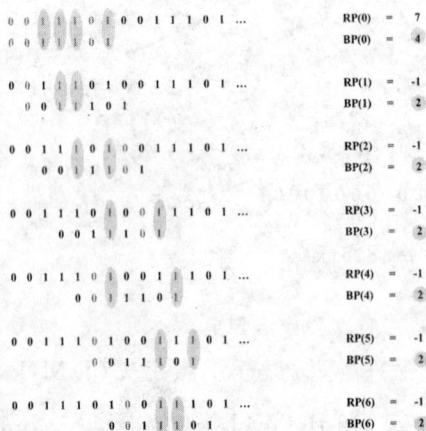

$S = (s_0, s_1, s_2, \ldots)$ is a binary sequence of period v.

$S_t = (s_t, s_{t+1}, s_{t+2}, \ldots)$ is the t-translate of S.

Real periodic autocorrelation function $RP(t) = \sum_{i=0}^{v-1} b_i b_{i+t}$ with $b_i = (-1)^{s_i}$

= (no. of coinciding entries) minus (no. of noncoinciding entries) between S and S_t.

Binary periodic autocorrelation function $BP(t) = \sum_{i=0}^{v-1} s_i s_{i+t}$

= no. of coinciding 1's between S and S_t.

图 7

元)自相关函数是二水平的。

这个独特性质反映了 0 和 1(与及它们的组合)在序列中的分布情况,也在某方面反映了序列的随机性,于此不赘。由于这些序列具备某些随机性质,但却是由特定的方法(肯定不是随机方法!)生成,故称为伪随机序列,在应用方面很重要。

在第二节开首我说过离散数学的各项课题貌似不同却互相密切关联,就让我们再换一个角度看同一个问题吧。仍然是考虑周期 v 是 7 的二元序列(0011101),注意它的非零项(即是 1)出现在位置 2、3、4、6(第一项标作 0,第二项标作 1,余类推)。置集 $D = \{2,3,4,6\}$,它有个独特性质,即是各相异项相减(模 7)得到的 12 个数,正好是 1、2、3、4、5、6,每个出现两次。在组合数学上,这是一种备受关注的研究对象,叫做循环差集,是这样定义的:$D = \{d_1,\cdots,d_k\}$ 是 v 阶循环群 Z/vZ 的一个子集,如果对任意 $t \neq 0$,$d_i - d_j = t$ 恰好有 λ 对解 (d_i,d_j),便把 D 称作一个 (v,k,λ)-(循环)差集。把定义弄清楚后,不难证明以下的定理:

设 $S = (s_0,s_1,\cdots,s_{v-1})$ 是周期为 v 的二元序列,它有 k 项是 1 而且它的自相关函数是二水平的。在 v 阶循环群 Z/vZ 中取子集 D,其中 i 是在 D 当且仅当 $s_i = 1$。则 D 是一个 (v,k,λ)-差集。

反之,设 D 是一个 (v,k,λ)-差集,置二元序列 $S = (s_0, s_1, \cdots, s_{v-1})$,其中 $s_i = 1$ 当且仅当 i 是在 D。则 S 的自相关函数是二水平的,且对所有 $t \neq 0$, $BP(t) = \lambda$。

不难看到,在序列中把 0 和 1 互换,无伤大雅! 所以从 (0011101) 中也可以考虑 $D = \{0,1,5\}$(即是零项出现的位置),它是一个 $(7,3,1)$-差集,各相异项相减(模 7)得到的六个数两两不同,正好就是全部非零数(模 7)。这又带引我们再看另一个研究对象,较适宜以几何语言描述。设有七个点,记作 0、1、2、3、4、5、6;取 $D = \{0,1,5\}$,叫做一条线。把各点加一,得另一条线 $\{1,2,6\}$;再把各点加一,又得另一条线 $\{2,3,0\}$,余此类推得到七条线,即 $\{0,1,5\}$,$\{1,2,6\}$,$\{2,3,0\}$,$\{3,4,1\}$,$\{4,5,2\}$,$\{5,6,3\}$,$\{6,0,4\}$。任何两个点必在唯一条线上,任何两条线必有唯一个公共点。这是有限射影平面最简单的一个例子,叫做法诺七点构形(*Fano's seven-point configuration*),不妨称为组合数学(特别是组合设计)工作者的"招牌"!(图 8)

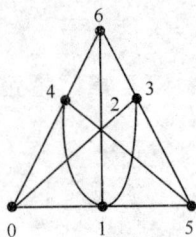

图 8

有限射影平面是一种颇精密的构形，它的点数 N 和线数 N 不单相同，而且都是形如 n^2+n+1，n 便叫做该射影平面的阶。利用抽象代数有限域的知识，我们能构作某些有限射影平面，它们的阶正好是有限域的阶。由于有限域的阶必为质数的幂，这些射影平面的阶都是质数的幂。数学家也找到一些射影平面，不能这样从有限域构作而成，但奇怪地，所有找到的有限射影平面，它们的阶都是质数的幂。于是，有一个主要猜想，说有限射影平面的阶必为质数的幂。这个猜想已经提出来超过半个世纪，至今悬而未决，看似甚难解答。

四

我在离散数学方面的尝试，都是无功而退者居多。那么多失败的事例，讲演再长几个小时也不够，不如只再讲一个，它与好莱坞（Hollywood）一位名演员有关，题材轻松，贴切这个庆祝国伟兄生辰的场合！这位演员在 20 世纪的三四十年代非常著名，就是艳光四射的喜地拉玛（Hedy Lamarr，1913—2000）。此乃其艺名，她原籍奥地利，真名是奇士拿（Hedwig Eva Maria Kiesler），曾结婚六次，第一任丈夫曼特（Friedrich Mandl，1900—1977）是奥地利军事工业家，为了不想太太在演艺界工作，经常带她参与工业界的技术会议。拉玛本人颇富数学才华,从中她学到不少。
在第二次世界大战期间,她和一位美国作曲家安泰(George
Antheil,1900—1950)合作,发明了一种能够躲避敌方干
扰,由无线电通讯控制的鱼雷发射装置,在 1942 年 8 月取
得专利权(当时登记专利权她用的名字是 Hedy Kiesler
Markey,后者是她的第二任丈夫的姓名)(图 9)。拉玛和

Frequency-hopping spread spectrum

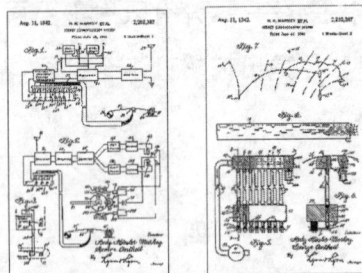

Patent on a "Secret Communication System" by
Hedy (Lamarr) Kiesler Markey and George Antheil
(June 10, 1941; patent granted on August 11,
1942)

Hedy Lamarr
(1914-2000)
actress and inventor

图 9

安泰的发明并没有受到军方重视,结果在第二次世界大战
中从来没有使用过,但这项发明开了一项技术先河,就是展

布频谱（spread spectrum）的跳频（frequency-hopping）技术，在今天的人造卫星、手提电话、互联网上是不可或缺的技术发明。由于这个缘故，在 1997 年拉玛以 82 岁高龄获颁电子前沿基金会（Electronic Frontier Foundation）的奖项！

粗略简单地说，我要考虑的问题的通讯工程背景是这样的。有若干名用者各自与一个公共数据库连结，互相交换信息，每人有其通讯频道，而且每人按时更改频道。设有五名用者和五条频道，标作 0、1、2、3、4，譬如说用者 1 的频道按次是（3224132241…），用者 2 的频道按次是（4330243302…），用者 3 的频道按次是（0441304413…），用者 4 的频道按次是（1002410024…），用者 5 的频道按次是（2113021130…）。用者与用者之间在某个时刻所用的频道可能相同也可能不相同，希望做到的是不相同者居多，否则便互相干扰了。要比较的不单单是两名用者定了位的频道，而是他们的频道及其移位，譬如说（32241）和（43302）、（22413）和（43302）、（24132）和（43302）、（41322）和（43302）、（13224）和（43302）；又或者（32241）和（21130）、（22413）和（21130）、（24132）和（21130）、（41322）和（21130）、（13224）和（21130）；等等。

不如换另一个图像表示形式，把一个 5×5 方阵的某些格涂色（或者打上叉形符号）以表示用者的频道（图 10）。

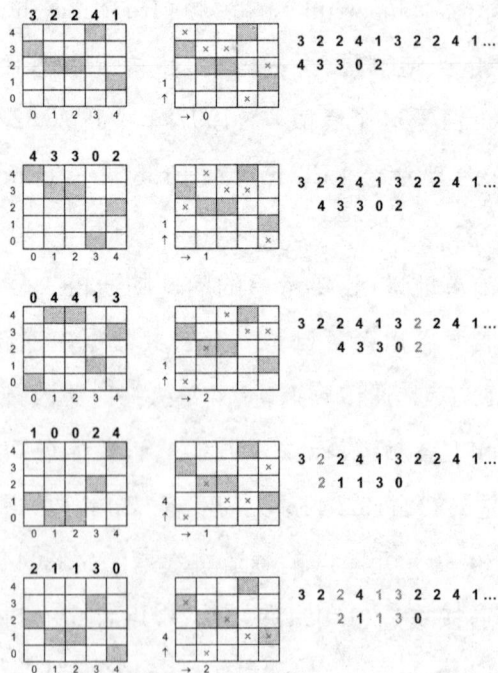

图 10

读者一定会留意到，上面例子五位用者的频道并非胡乱写下来的，只要知道某位用者的频道，把各项加一（模 5）便得到下一位用者的频道，在图像表示中即是把涂了色的模样向上移一行（超越了最顶一行便变成最底一行）。这样做至少保证了任意两位用者的频道没有干扰，例如（32241）和（43302）没有干扰。但要比较向右移位的涂了色的模样，却无此保证了。例如（24132）和（43302）有一处干扰，而（24132）和（21130）有两处干扰（图 10）。

这样用图像表示看问题,不难明白无可能完全没有干扰(为什么?),能够做到最好的是每次比较两个用者的频道或其移位时,顶多只有一处干扰,我们要求做到这种理想情况。自然地,我们定义以下一种叫做理想方阵的研究对象。一个 $N \times N$ 二元方阵 A 的每列有且只有一个 1(1 表示涂了色的格,0 表示没有涂色的格)。A 的 (u,v)-平移是把 A 向上移 u 位,向右移 v 位,如果 A 和它的任何 (u,v)-平移(即是 $(u,v) \neq (0,0)$(模 N))相迭的项顶多只有一个 1,便把 A 叫做一个 N 阶理想方阵。[P. V. Kumar, On the existence of square dot-matrix patterns having a specific three-valued periodic correlation function, *IEEE Trans. Inform. Theory*, IT -34 (1988):271-277.]再化妆一下,一个 N 阶理想方阵可以写成一个叫做平面函数的研究对象,即是一个从 Z/NZ 到 Z/NZ 的影射 f,无论 v 取任何非零值,f_v 都是全射,这儿的 f_v 也是从 Z/NZ 到 Z/NZ 的影射,定义为 $f_v(j) = f(j-v) - f(j)$。

其实,f 就是用以刻画方阵首行的非零项位置。由 (32241) 得来的五阶方阵并不是理想方阵,由 $Z/5Z$ 到 $Z/5Z$ 的对应函数 f: $f(0) = 3, f(1) = 2, f(2) = 2, f(3) = 4, f(4) = 1$,并不是平面函数(图 11)。由 (31344) 得来的五阶方阵是一个理想方阵,它对应的函数 f 是一个平面函数(图 12)。

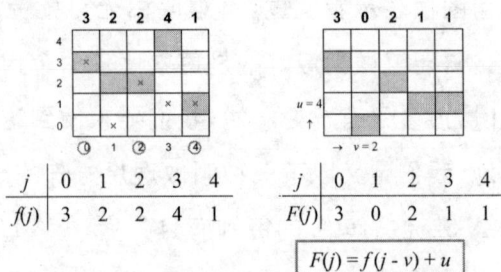

j	0	1	2	3	4
$f(j)$	3	2	2	4	1

j	0	1	2	3	4
$F(j)$	3	0	2	1	1

$$F(j) = f(j - v) + u$$

$BP(u, v)$ = no. of coinciding coloured cells

between A and (u, v)-translate of A

= no. of j such that $F(j) = f(j)$.

If $v = 0$, then $BP(u, v) = 0$ for all $u \neq 0$.

If $v \neq 0$, then $BP(u, v)$ = no. of j such that

$f_v(j) = -u$, where $f_v(j) = f(j - v) - f(j)$.

j	①	1	②	3	④
$f_0(j)$	0	0	0	0	0
$f_1(j)$	3	1	0	3	3
$f_2(j)$	1	4	1	3	1
$f_3(j)$	4	2	4	4	1
$f_4(j)$	4	0	2	2	2

$u = 4, -u = 1,$
$v = 2$

图 11

　　事实上，那个对应的函数 f 是个二次多项式，就是 $f(j) = 2j^2 + j + 3$（模 5）。明显地，如果 N 是个奇质数，对任意 $a \neq 0$ 和任意 b, c，$f(j) = aj^2 + bj + c$ 给出一个平面函数，也就给出一个 N 阶理想方阵，也就提供了一套 N 个用者的频道设计。

　　不难证明，没有偶数阶的理想方阵。在 1989 年我和冯振业、马少麟证明了如果存在一个 N 阶理想方阵，则 N 必定没有重复的质因子（C. I. Fung, M. K. Siu, S. L. Ma, On

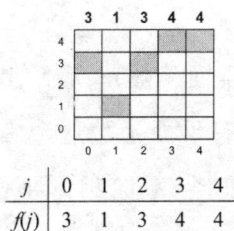

j	0	1	2	3	4
$f(j)$	3	1	3	4	4

$BP(u, v) =$ no. of coinciding coloured cells
between A and (u, v)-translate of A
$=$ no. of j such that $F(j) = f(j)$.

If $v = 0$, then $BP(u, v) = 0$ for all $u \neq 0$.

If $v \neq 0$, then $BP(u, v) =$ no. of j such that
$f_v(j) = -u$, where $f_v(j) = f(j - v) - f(j)$.

j	0	1	2	3	4	
$f_0(j)$	0	0	0	0	0	
$f_1(j)$	1	2	3	4	0	f_v is a bijection
$f_2(j)$	1	3	0	2	4	for all $v \neq 0$
$f_3(j)$	0	3	1	4	2	
$f_4(j)$	3	2	1	0	4	

图 12

arrays with small off-phase binary autocorrelation，*Ars Combinatoria*，1990（29A）：189-192）。顺带提一句，马少麟是我的第一位博士研究生，从 1985 年的毕业论文开始，他在组合设计方面做出了很多极好的成果，我没能解答的问题差不多都由他完成了。包括他在内的一群研究生与我一同研读数学，在过去 30 年来一直是我在数学研究工作上的支柱，我从他们得到的远比我能教给他们的为多，除了学术意念交流以外，更重要者是他们予我动力，使我保持研习热情。

　　一个惊喜是理想方阵(或平面函数)与有限射影平面有密切关联,这或许解释了为何有平面函数这个名字。从一个 N 阶理想方阵我们能构作一个 N 阶射影平面,与其详述个中细节,不如就利用一个具体的三阶理想方阵——相应于(122)——构作一个三阶射影平面(图 13),这个具体例子已经说明了一般的构作方法。

From an $N \times N$ ideal matrix we can construct a
finite projective plane of order N.

Example

$N = 3$

$D = \{(0,1) , (1, 2), (2,2)\}$
$H = \{(0,0), (0, 1), (0,2)\}$

Points : (0,0), (0,1), (0,2), (1,0), (1,1), (1,2), (2,0), (2,1), (2,2)
∞_0, ∞_1, ∞_2, ∞_3.

Lines :

$D + (0,0)$ and ∞_0	$\{(0,1), (1,2), (2,2), \infty_0\}$
$D + (0,1)$ and ∞_0	$\{(0,2), (1,0), (2,0), \infty_0\}$
$D + (0,2)$ and ∞_0	$\{(0,0), (1,1), (2,1), \infty_0\}$
$D + (1,0)$ and ∞_1	$\{(1,1), (2,2), (0,2), \infty_1\}$
$D + (1,1)$ and ∞_1	$\{(1,2), (2,0), (0,0), \infty_1\}$
$D + (1,2)$ and ∞_1	$\{(1,0), (2,1), (0,1), \infty_1\}$
$D + (2,0)$ and ∞_2	$\{(2,1), (0,2), (1,2), \infty_2\}$
$D + (2,1)$ and ∞_2	$\{(2,2), (0,0), (1,0), \infty_2\}$
$D + (2,2)$ and ∞_2	$\{(2,0), (0,1), (1,1), \infty_2\}$
$H + (0,0)$ and ∞_3	$\{(0,0), (0,1), (0,2), \infty_3\}$
$H + (1,0)$ and ∞_3	$\{(1,0), (1,1), (1,2), \infty_3\}$
$H + (2,0)$ and ∞_3	$\{(2,0), (2,1), (2,2), \infty_3\}$
	$\{\infty_0, \infty_1, \infty_2, \infty_3\}$

图 13

　　由于有个著名的猜想说有限射影平面的阶是质数的幂,我们便猜想理想方阵的阶也是质数的幂。前面提及我们已经证明了理想方阵的阶没有重复的质因子,因此我们猜想理想方阵的阶必定是个质数,而且相应的平面函数必定是个二次多项式。当时我们不晓得原来日本数学家平峰丰(Yutaka Hiramine)已经证明了后面那部分(Y. Hiramine, A conjecture on affine planes of prime order, *J. Comb. Theory*, 1989(A-52):44-50),他也证明了理想方阵的阶不能形如 $3p$,p 是个质数(Y. Hiramine, Planar functions and related group algebras, *J. Algebra*, 1992(152): 135-145),马少麟再进一步证明了理想方阵的阶不能形如 pq,p 和 q 是质数(S. L. Ma, Planar functions, relative difference sets, and character theory, *J. Algebra*, 1996 (185):342-356)。由论文的题目可以窥视理想方阵(平面函数)与抽象代数的密切关联。以我所知,这方面最新近的结果是七年前布洛克乌斯、容吉尼科、施密特的定理:如果 G 是一个 n 阶射影平面的 n^2 阶可换直射群,则 n 是个质数的幂(A. Blockhuis, D. Jungnickel, B. Schmidt, Proof of the Prime Power Conjecture for projective planes of order n with abelian collineation groups of order n^2, *Proc. Amer. Math, Soc.*, 2001,130(5):1473-1476)。由理想方阵(或平面函数)构作出来的射影平面有特定性质的直射群,从上述定理可以推论理想方阵的阶必为质数,解答了我们将近二十年前提出来的问题。

五

像我一样,国伟兄也是被离散数学吸引过去而"半途出家",他原本师承熊菲尔(Joseph Schoenfield)专攻数理逻辑。熊菲尔师承怀尔特(Raymond Wilder,1896—1982),相信国伟兄受到怀尔特的影响也不少。说来真巧,我也是从怀尔特的著作学到很多东西,他的观点对我日后的学术生涯有颇强的影响。

最先碰上怀尔特是在大学二年级读了他的《数学基础导论》(*Introduction to the Foundations of Mathematics*,1952;2nd ed,1965),但深受影响却是过了10年后读到他的另一本著作《数学概念的演化初论》(*Evolution of Mathematical Concepts:An Elementary Study*,1968),再过几年后,又读到其续篇《数学文化体系》(*Mathematics as a Cultural System*,1981)。请注意书名中用了"文化"(culture)这个词,怀尔特采用人类学的角度去探讨数学是怎样的一门活动和学问。

固然,早于20世纪40年代,著名数学史家斯特罗伊克(Dirk Jan Struik,1894—2000)已经明确指出数学与社会及文化的密切关系。他在《简明数学史》(*A Concise History of Mathematics*,1948)的导言里开宗明义提及"每个时代的数学兴衰与一般文化及社会氛围有关系"(references to the general cultural and sociological atmosphere in which the mathematics of a period matured—or was stifled)。何谓文化呢？英国科学家、文学家斯诺（Charles Percy Snow，1905—1980）在 1959 年 5 月给了一个著名的讲演，题为《两种文化》(The Two Cultures)，讨论科学家与人文学者之间本来不应该存在的鸿沟，在文内他提出了"文化"的两种含意，一方面是英国诗人柯尔律治（Samuel Taylor Coleridge，1772—1834）所谓"那些表征人性本质和才能的和谐发展"(the harmonious development of those qualities and faculties which characterize our humanity)，另一方面是指"生活于同一环境，由共同习惯、想法和生活方式联结起来的群体"(a group of persons living in the same environment，linked by common habits，common assumptions，a common way of life)。说得白一些，为了提升个人与社群的生活素质，人们在多方面努力有所成就，表现为各种形式，包括宗教、哲学、道德、法律、教育、政治、经济、风俗、礼仪、建筑、艺术、音乐、戏剧、文学、科学、数学、工艺技术，这庞杂的总和，就是"文化"。德国哲学家史宾格勒（Oswald Spengler，1880—1936）在其名著《西方的没落》（*Der Untergang des Abendlandes*，Volume 1/2，1918/1922)论及历史上各个文化均有兴衰，如生物生长，也如季

节转变,他用了整整一章谈及数学,因为他认为数学乃重要
的文化表征,不同文化里数学的发展及风格是探讨该文化
的关键题材。

怀尔特进一步阐明这种观点,以人类学的角度把数学
看成是某个主文化体系(host culture)里的子文化体系
(subculture)。1950 年在美国麻省剑桥举行的四年一度数
学家大会上他作了一个主要发言,题为"数学的文化基础
(The Cultural Basis of Mathematics)"(文本刊于 *Proceedings of ICM*,1950,258-271),提到了两个重点:

> "文化是由风俗习惯、礼仪、信念、工具、传统
> 习俗、等等组成,可以说是某一群体的文化元素,
> ……一般而言,这并非是一成不变的,却与时变
> 更,不妨叫做一种'文化流'(culture
> stream)……。"

> "数学家之间共享一种'数学的文化',我们
> 大家受到它的影响,同时也影响了它。……数学
> 发展的情况及方向由一种普遍综合的文化张力决
> 定,这种张力既产自数学内部,也来自数学外部。"

怀尔特的意思是把数学嵌于一个更大的主文化体系里
面,这个主体系里面有不同的子体系,数学只是其中之一,

还有很多别的。数学子体系与某些子体系互相影响较多，例如哲学、工程、自然科学、生物科学、信息科学、社会科学，怀尔特把这种影响称作外部（或环境）张力（external / environmental stress）。但数学子体系自身也产生问题，影响着自身的发展，怀尔特把这种影响称作内部（或遗传）张力（internal / hereditary stress）。固然，这只是众多主文化体系其中一个吧，在不同地域、不同时代、不同民族中有不同的主文化体系，它们之间也互相影响，史宾格勒讨论的就是那众多的主文化体系。让我试以示意图（图 14）粗略地概括怀尔特的观点。

从文化角度看数学，对数学教育是有益处和帮助的。约翰逊（Julian Johnson）在他的书《谁需要古典音乐呢？文化选择与音乐价值》（*Who Needs Classical Music？Cultural Choice and Musical Value*，2003）里论及古典音乐受到大众冷落，情景与数学无异①。了解个中因由，让学生看到数学除却技术内容外更广阔的一面，或者能够使他们增强学习数学的动机。其实，除了精神方面，在内容方面音乐跟数学也有相通的地方。德国数学名家外尔（Hermann Weyl，1885—1955）说过："我们并非宣称数学应该享有科

---

① 较详细的叙述可参看书内另一篇文章："数学、数学教育和鼠标"，第二节和第六节。

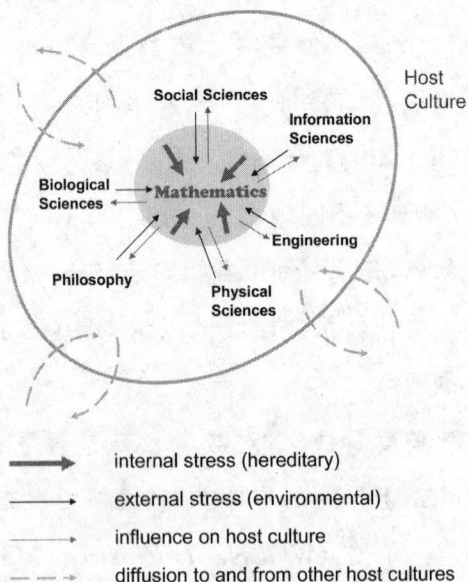

图 14

学之皇后的特权,有其他科目与数学有同等甚至更高的教育价值。但数学立下所有心智活动所追求的客观真理标准,科学和技术是它的实用价值的见证。如同语言及音乐,数学也是人类思维的自由创作力之主要表现形式,同时它又是通过建立理论以认识客观世界的一般工具。所以数学必须继续成为我们要教授给下一代的知识和技能中的基本成分,也是我们要留传给下一代的文化中的基本成分。"

（We do not claim for mathematics the prerogative of a
Queen of Science，there are other fields which are of the
same or even higher importance in education. But mathe-
matics sets the standard of objective truth for all intellec-
tual endeavors；science and technology bear witness to its
practical usefulness. Besides language and music，it is one
of the primary manifestations of the free creative power of
the human mind，and it is the universal organ for world—
understanding through theoretical construction. Mathe-
matics must therefore remain an essential element of the
knowledge and abilities which we have to teach，of the cul-
ture we have to transmit，to the next generation.）

六

同样地，美术跟数学也有相通的地方。要好好讨论这
个话题，既非一个 40 分钟的讲演可以兼顾，更非我的学识
修养所能道出个中微妙。不过我知道国伟兄近年对绘画透
视很感兴趣，不如就单单拿透视学和射影几何说一两句，作
为讲演的结尾一节吧。

早期的绘画，没有考虑到如何把三维景象在二维平面
展示，例如在公元 10 世纪或 11 世纪有一张描写英国人晚

宴的画,桌子和上面的餐具,就像侧挂在一旁,现代人看了会感到有点滑稽(图 15)。即使到了 15 世纪,还可以在某些画中找到不协调的透视画法,例如有一张画名叫《圣埃德蒙的诞生》(*The birth of St. Edmund*),房间的陈设予人立体透视感,但地面的阶砖,却露出了马脚(图 16)!(图 15 和图 16 皆摘自:Lawrence Wright,*Perspective in Perspective*,1983)

图 15

图 16

欧洲文艺复兴时期的画家,在 15 世纪期间已经提出透视画法,最早的有亚尔贝蒂(Leone Battista Alberti,1404—1472)的《论绘画》(*De pictura*,1435)及弗兰切斯卡(Piero della Francesca,1412—1492)的《绘画透视法》(*De prospectiva pingendi*,约 1470 年),后来又有达·芬奇(Leonardo da Vinci,1452—1519),丢勒(Albrecht Dürer,1471—1528)诸人的论述与美术作品,使透视法在西方绘画成为普遍不过的手法。上述的画家都是多面手,身兼艺术家和数学家，库利奇(Julian Lowell Coolidge，1873—1954)写了一本《业余爱好者的数学》(*The Mathematics of Great Amateurs* ，1949)，里面便有三个章节描述他们的成就。

丹麦数学史家安德逊(Kirsti Andersen)最近出版了一本内容丰富翔实的书：《艺术的几何：由亚尔贝蒂到蒙日的数学透视理论》(*The Geometry of an Art*：*The History of the Mathematical Theory of Perspective from Alberti to Monge*，2007)，书长八百多页，介绍西方绘画透视理论的发展经过。她把意大利人蒙特侯爵圭多巴尔迪(Guidobaldo Marchese del Monte，1545—1607)称作绘画透视理论之父，因为圭多巴尔迪在《透视论六卷》(*Persepctivae libri sex*，1600)提出了"消失点"(vanishing point)的概念，"消失点"在现代射影几何具有重要的数学意义。

中国绘画也不是完全没有运用透视法，例如北宋李诫(1035—1110)的《营造法式》(约 1100 年)，书内有好些插图都有某种透视味道，但好像仍未有"消失点"的概念。到了清代年希尧(？—1738)从当时在宫廷任职的意大利画家郎世宁(Giuseppe Castiglione，1688—1766)那儿学西洋透视论，加上自己用心琢磨，写成《视学》一书(1729 — 1735)，书内有言："视学之造诣无尽也，予曷敢遽言得其精蕴哉，虽然予究心于此者三十年矣。……近得数与郎先生讳石宁者往复再四研究其源流,凡仰阳合覆,歪斜倒置,下观、高视等线法,莫不由一点而生。迨细究一点之理,又非泰西所有而中土所无者。……予复苦思力索,补缕五十余图,并为图说以附益之。……"

在西方,从绘画透视论衍生了射影几何。首先有法国工程师、建筑师、数学家德札格(Girard Desargues,1591—1661)在 17 世纪 30 年代写了两部重要著述,却可能因为他写得不易明白,表述方式又介乎"工匠式几何"与"理论化几何"之间,两不讨好!也可能因为他的思想比同时代的人的想法前行了许多,这两部著述都受不到应有的重视,没有给发展下去。回头来看,德札格创立了射影几何这门数学,但这门数学却要等待一个半世纪之后,由于法国数学家蒙日(Gaspard Monge,1746—1818)和他的门生庞斯列(Jean Victor Poncelet,1788—1867)的工作成果才终于融入数学主流,并且成为 19 世纪的重要数学领域(图 17)。怀尔特在《数学文化体系》一书中花了一章讨论数学演化的"奇点",即是那些本应发展却停滞不前甚或销声匿迹的意念。他采用的一个主要例子,便是德札格建立射影几何这个案例。

德札格发现了一条非常漂亮的定理:如果两个三角形 abl 和 DEK 满足 Da 、Eb 、Kl 有共点 H,而且 ab 和 DE 相交于 c,bl 和 EK 相交于 f,al 和 DK 相交于 g,则 c、f、g 共

线(图 18)。

Girard Desargues (1591-1661)
Theory of perspective

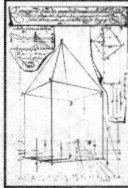

*Brouillon project d'une
atteinte aux événmens des
rencontres d'un Cone avec
un Plan* (1639)

*Exemple de l'une des manieres
universelles du S.G.D.L. touchant la
pratique de la perspective sans
emploier aucun tiers point, de distance
ny d'autre nature, qui soit hors du
champ de l'ouvrage* (1636)

More than one and a half century later!

Gaspard Monge **(1746-1818)**
Descriptive Geometry
Géométrie descriptive (1798/1799)

Jean Victor Poncelet (1788-1867)
Projective Geometry
*Traité des propriétés projectives
des figures* (1822)

图 17

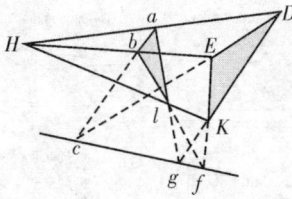

图 18

除了是一条在平面欧氏几何里非常漂亮的定理,德札格定理还有它更深刻的意义,叫人诧异。利用德札格定理我们能够对看似只有点和线及点线关联的几何赋予坐标,以方便计算。无独有偶,与德札格同时代的法国哲学家、数学家笛卡儿(René Descartes,1597—1650)从方法论出发,也把几何和代数结合,演化成后世的解析几何,亦称坐标几何(虽然笛卡儿从来没有在他的著作里提及坐标系统)。其实,德札格和笛卡儿两个是好朋友,大家在巴黎的时候都参加了围绕在梅森(Marin Mersenne,1588—1648)身边的数学兴趣小组,他们两个既有会面,也互有书信往来,不知道私下谈论数学时,大家有没有交换设置坐标系统的心得呢(图19)?

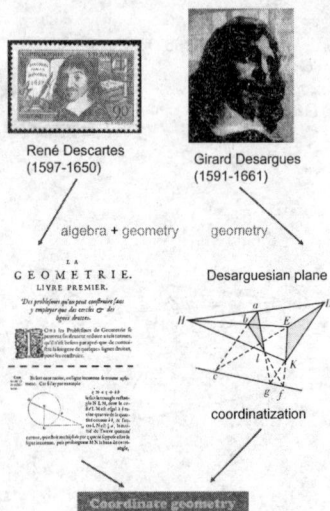

图 19.

七

在第五节开首我提过国伟兄师承熊菲尔,而熊菲尔则师承怀尔特。如果再往上追溯师源,可以寻到 19 世纪法国几何学家、数学史家沙勒(Michel Chasles,1793—1880),而沙勒的老师是另一位法国数学家泊松(Siméon-Denis Poisson,1781—1840)。泊松有另一名学生,是德国数学家狄利克雷(Peter Gustav Lejeune Dirichlet,1805—1859),从这一条线寻下去,我竟然在其中找到自己(图 20)。说起来我与国伟兄原来有"学术亲属"的缘分,他比我要高好几辈!

国伟兄的"师祖"泊松留下了一句话:"生活中只有两件值得做的事,发现数学新知和讲授数学(Life is good for only two things, discovering mathematics and teaching mathematics.)"国伟兄对于这项训诲当然身体力行,不过,以我推测,国伟兄很可能会把这句话修改为:"生活中有两件值得做的事,发现数学新知和讲授数学,还有更多别的。(Life is good for two things, discovering mathematics and teaching mathematics, and many more other things.)"国伟兄,祝您 60 生辰快乐,生活愉快,多姿多彩!

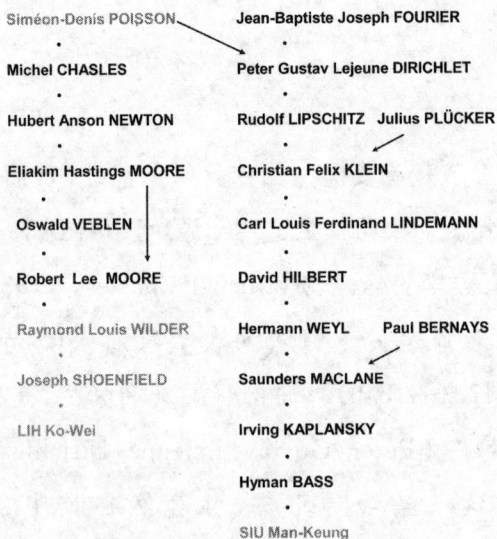

图 20